植被化河道环境水力学

槐文信　王伟杰　史浩然　著

科学出版社

北京

内 容 简 介

　　本书全面阐述环境水力学的概念、理论及最新研究成果，主要内容涵盖植被化河道的水动力学特征及污染物离散特性，具体包括不同类型植被环境下河道水流结构特性、植被形态在水流中的变化特点、植被水域中污染物的纵向离散特性及相关数值模拟。本书着重进行环境水力学中植被水流的基础理论研究，并为植被水生态修复提供理论支撑，力求通过简单易懂的语言和详细的公式推导让读者快速地理解环境水力学中的相关知识。本书封底附有部分彩色插图的二维码，扫码可见。

　　本书可以作为水利类、环境类研究生的教材，也可以作为相关专业教师、研究人员、学生进行环境水力学研究的参考书籍。

图书在版编目（CIP）数据

植被化河道环境水力学/槐文信，王伟杰，史浩然著. —北京：科学出版社，2021.11
　ISBN 978-7-03-070707-9

　Ⅰ.① 植…　Ⅱ.① 槐…　②王…　③史…　Ⅲ.① 植被–影响–河道–环境水力学–研究　Ⅳ.① X52

中国版本图书馆 CIP 数据核字（2021）第 238209 号

责任编辑：何　念　张　湾/责任校对：高　嵘
责任印制：吴兆东/封面设计：无极书装

科学出版社 出版
北京东黄城根北街 16 号
邮政编码：100717
http://www.sciencep.com
天津市新科印刷有限公司 印刷
科学出版社发行　各地新华书店经销
*
开本：787×1092　1/16
2021 年 11 月第 一 版　　印张：11
2023 年 12 月第二次印刷　　字数：261 000
定价：108.00 元
（如有印装质量问题，我社负责调换）

前　言

河流生态系统是自然界中重要的生态系统之一，具有供水、发电、航运、景观生态、排涝等多重功能。随着全球气候的变化及城市化的快速发展，河流的可持续化管理迎来了更多的挑战。例如：城市河道、排水渠等的过分渠化，改变了河流的自然形态，使生物多样性下降，水体的自净能力减弱；农业及工业污染物随着城市洪水、排水渠等排入河流，给河流的生态环境带来了前所未有的压力，使河流水质严重恶化，水生生物锐减，水生态系统退化。

恢复河道水流的生态功能，已成为当前河流治理、水生态保护与修复的重要目标。河流生态修复由此应运而生，其是指在遵循自然规律的前提下，采取各种工程、生物和生态措施使水体恢复自我修复功能，强化水体的自净能力，修复被破坏的水生态系统，使之既可最大限度地为人类所利用，又可达到自维持状态。其中，水生植物群及近岸植物群起到了至关重要的作用：一方面，它们通过光合作用为水体提供丰富的溶解氧；另一方面，植被群落本身也是各类水生动物、微生物赖以生存的重要栖息地。而在实际情况下，植被覆盖下的生态河道是天然河流中常见的河道形态。考虑到植被的存在会对河道内水流的结构特性产生巨大的影响，水流结构的改变会使河道内污染物的混合输移过程发生改变，植被-水流-污染物之间的相互作用日益成为急需研究透彻的课题。

武汉大学水利水电学院环境水力学课题组自 2007 年以来一直致力于植被化河道水动力学及环境水力学的研究。本书针对不同的植被形态（刚性、柔性）、不同的植被类型（沉水、挺水、漂浮）、不同的植被布置（全覆盖、部分覆盖、斑块）等情况进行深入和系统的研究，全书分为 7 章：第 1 章阐述植被化河道的研究背景及概况；第 2 章阐述刚性植被阻力特性及其影响下的流速分布规律；第 3 章讨论柔性植被在水流作用下的形态变化、拖曳力变化及水流流场等；第 4 章开展漂浮植被环境下的水流运动特性研究，包含混合层和边界层的空间演化、动量厚度等特点；第 5 章通过大涡模拟的方法建立数值模型，展示非连续植被斑块环境下的水流运动特性；第 6 章以双层刚性植被为代表，采用解析方法求解控制方程，得到不同高度植被群落影响下的水动力学特性；第 7 章采用分区模型和随机位移模型研究植被环境水流的纵向离散系数的特点。

本书的出版得到了国家自然科学基金项目、中国水利水电科学研究院"五大人才"计划、水污染控制与治理科技重大专项课题的资助，具体包括国家自然科学基金重点国际（地区）合作研究项目"河漫滩植被对河流物质耦合输移的多尺度影响效应及调控"（52020105006）、国家自然科学基金重点项目"鄱阳湖水文水动力过程与生态演替相互作用机理多尺度研究"（51439007）、国家自然科学基金面上项目"近岸植被化河道水流混合层及相干结构"（11872285）、国家自然科学基金青年科学基金项目"全流态过程植被水流的能量损失机理研究"（51809286）、中国水利水电科学研究院"五大人才"计划"河滨带植物种子随流输移机理及植被水动力学特性研究"、水污染控制与治理科技重大专项课题"永定河生态廊道构建与水质水量联合调度研究与示范"（2018ZX07105-002），在此表示衷心的感谢。

参与本书内容研究的主要人员除本书作者外，还有李硕林、梁雪融、王宇飞、赵芳、唐雪、宋苏文、胡阳等，对他们表示感谢。同时，感谢在本书写作和出版过程中所有给予关心、支持与帮助的人们。

环境水力学是涉及环境科学和水利工程的交叉学科，愿与同仁共同交流和探讨。在本书的写作过程中，作者力求审慎，但由于作者水平有限，书中不足之处在所难免，恳请读者多方指正。

作 者

2021 年 5 月 1 日

目　　录

第1章 绪 论

河道中的植物多种多样（图1.1），以往的研究根据其形态特征将水生及岸生植被分为刚性植被与柔性植被。刚性植被（如水生灌木、红树林等）在水流中不发生倒伏与弯曲，柔性植被（如水草等）在水流冲击力与浮力的共同作用下，会发生一定程度的倒伏与弯曲，并产生周期性的振荡。对于生长于河床上的植被，根据植被的淹没程度，可以分为非淹没植被与淹没植被（图1.2）。当汛期来临时，随着河流流量的增加，河道水深的加大，非淹没植被也会被水流淹没，转化为淹没植被。在相关研究中，通常使用淹没度（水深与植被高度的比值 H/h_v，H 为水深，h_v 为植被高度）来描述植被的淹没程度：H/h_v 小于 1 时，为非淹没状态；H/h_v 大于等于 1 时，为淹没状态。除此以外，还有以浮萍、水葫芦为代表的漂浮植被，它们漂浮于河道水面，与河床底部之间没有稳定的根系相连接。河流系统中植物的生长区域因植物种类、河流形态的不同而不同，有的遍布整个河流横断面，有的只生长于河漫滩，有的呈斑状分布，形成一个个的植被丛，有的成片生长于河道中，还有的生长区域相对杂乱。为了简化研究对象，通常用相应的参数描述植被的两方面特征：几何形态与空间分布。通常使用长度参数 D 来刻画植被的几何形态，若植被为近似圆柱体，则 D 为圆柱直径，若植被为条带状，则 D 表示其宽度。每两个相邻植被的平均距离用长度参数 ΔS 来表示，因而在植被高度内单位体积上的植被迎水面积可表示为 $a=D/\Delta S^2$。植被高度内的植被密度也可用无量纲的粗糙密度 λ 来度量（Wooding et al.，1973）：$\lambda=Dh_v/\Delta S^2=Dh_v m$，其中 m 为单位河床面积上的植被数。另一种无量纲的密度参数 ϕ 则表示植被高度内植被所占体积的百分比：对于圆柱形植被，$\phi\approx(\pi/4)aD$；对于条带状植被，$\phi\approx ab$，其中 b 为植被厚度。对于柔性植被，通常使用弹性模量来表征其柔韧性。

图 1.1　河滨带植被

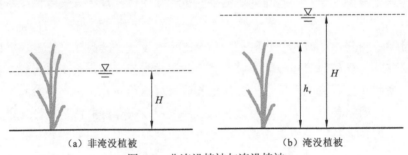

（a）非淹没植被　　　　　　　　　　（b）淹没植被

图 1.2　非淹没植被与淹没植被

考虑到植被的存在会显著增加河道水流的阻力（沈春颖 等，2010），从而降低行洪能力，过去的一些研究曾建议移除河道中的植物，以降低洪水风险。然而，近年来的研究表明，水生植物虽然对行洪不利，但却对河流生态有着十分重大的意义（吴福生和姜树海，2008）。一方面，水生植物丛为鱼类、两栖类、爬行类动物提供了重要的栖息地，维持了河流生态系统的生物多样性（唐洪武 等，2007）。另一方面，水生植物本身对水体中的污染物有着吸收、稀释、净化的作用（Farzadkhoo et al.，2018），还可以抑制河道底泥的再悬浮，稳定河床（王忖和王超，2010）。在河流两岸生长的近岸植物群则充当了河流水体的防污屏障，阻止了工农业污染物进入河流。而对于河流中已经存在的污染物，这些植物甚至可以阻止它们进一步向下游扩散，将其固定于植物群落中，并加以降解、吸收。河道中生长的植物的确会给水流的运动产生额外的阻力，减缓水流流速，为了保证河道的行洪能力，需要在维持河道内植被生长的同时，准确预测植被对河道行洪能力的影响程度，进而据此适时调整河道的形态与植被群落分布，以降低不必要的洪水风险。另外，植被尤其是分布不均匀的植被的存在，改变了河道内的水流结构与水力学特征，形成了与普通的明渠（无植被）水流完全不同的流速分布和流场结构，对这一过程的认识也提高了合理改造河流的能力。

　　植被改变了河道内的水流结构，也因此改变了污染物在河道内的混合特性。针对这一问题，国内外学者对不同工况植被水流内污染物的混合输移过程进行了大量的研究。Murphy 等（2007）利用 Chikwendu 和 Ojiakor（1985）的慢速流带模型，给出了在水槽全断面覆盖淹没刚性植被的工况下，纵向离散系数的预测方法。在他们的研究中，将水流在垂向上分为上方的快速流带与下方的慢速流带，通过计算两个流带各自的纵向离散系数和两个流带之间的混合交换，来构建纵向离散系数的预测模型。朱兰燕（2008）针对相同的工况，基于 k-ε 紊流模型，给出了淹没植被影响下污染物纵向输移和垂向分布的三维数值模拟方法。Shucksmith 等（2010）对植被影响下的纵向离散过程进行了一系列的试验研究，他们的研究表明，增大淹没度会导致纵向离散系数的减小。Perucca 等（2009）研究了部分覆盖非淹没刚性植被的工况。针对这一工况，他们先利用沿水深积分的纳维-斯托克斯方程求解得到纵向流速的横向分布，再据此结合 Fischer（1967）的三次积分方法得出纵向离散系数。然而，这一方法在实施过程中十分复杂，需要首先根据复杂的边界条件给出流速分布，然后利用某种三次可积的函数拟合这一分布，最后利用 Fischer（1967）的三次积分方法计算纵向离散系数。同时，在求解沿水深积分的纳维-斯托克斯方程时，方程中的二次流项难以确定。Hamidifar 等（2015）针对类似工况做了更加细致的试验研究，他们比较了河漫滩上有植被和无植被情况下污染物的纵向离散过程，发现植被的存在导致了纵向离散系数的加大。同时，他们比较了一些传统的纵向离散系数预测公式对这种部分覆盖植被工况的预测表现。当植被的位置分布为随机分布时，White 和 Nepf（2003）指出，纵向离散过程分为两个部分：基于涡漩滞留（vortex trap）的离散与发生在植被间隔处的二次尾流引起的离散，同时他们给出了相应的表达方法。Murphy（2006）进一步简化了基于涡漩滞留的离散的表达方法。Tanino 和 Nepf（2008）则对该工况下的横向离散过程进行了研究，给出了预测横向离散系数的方法。Sonnenwald 等（2018a）通过试验研究，提出了首先计算拖曳力系数，然后用其计算离散系数的方法（该方法针对非淹没植被水流且流速较低的情况）。随后，Sonnenwald 等（2019）通过拟合相应的无量纲化后的试验数据，给出了非淹没植被工况低流速下污染物混合的横向离散系数预测模型，该模型形式简单，能保证预测结果与实际测量结果在相同的量级。Sonnenwald 等（2019）针对植被水流内的污染物混合过程，通过改进的 k-ε 紊流模型，建立了方便工程应用的计算流体力学模型。Li 等（2015）则研究了强弯河道里植被对污染物混合过程的影响，他们的研究表明，相对于横向离散，植被对纵向离散的影响程度更大。Farzadkhoo 等（2018）则研究了蜿蜒型河流中，河漫滩上的植被对河流内纵向离散的影响，试验表明河漫滩上的植被使得主槽内污染物的输移时间减少了 20%。而对于污染物的横向混合过程，Nepf（2004）针对全断面均匀覆盖非淹没刚性植被的工况，通过试验研究，给出了计算横向紊动扩散系数的方法。Sharil（2012）同时研究了植被影响下水流的流场结构与污染物横向离散过程，提供了详细的试验数据。

第2章　刚性植被环境水力学特性

　　刚性植被诸如红树林等水生灌木和乔木在天然河道中广泛生长，这些植被不会随着水流的运动而发生形态变化（弯曲）和位置改变（移动或振动）。这种刚性植被从两个方面对水流的运动产生了阻碍作用：一方面，它们的存在减小了河道断面的过水面积；另一方面，水流经过植被，产生了绕流阻力，阻碍了水流运动，减缓了流速。对于刚性植被的相关研究，通常将刚性植被的形状近似假设为圆柱体。根据水深与植被高度的相对关系，刚性植被可分为非淹没植被（挺水）与淹没植被（沉水）两种。枯水期，河流水位较低，植被高度高于水位，植被为非淹没植被；而到了洪水期，河流水位迅速抬高，超过植被高度，以植被顶部为界，上层水流无植被阻碍，流速大于下层水流，从而形成混合层。另外，植被种类不同，生长习性不同，有的植被在整个河道的横断面都有分布，形成全断面覆盖刚性植被的形态，而有的则仅仅生长于河漫滩，形成河漫滩有植被覆盖的复式河槽形态。对于全断面均匀覆盖刚性植被的河道断面，水流在植被作用下会表现出相对稳定的水流形态；而对于部分覆盖刚性植被的河道断面，在有植被的近岸区与无植被的主槽区之间的交界处附近，会产生巨大的流速梯度（近岸区受植被影响，流速小；主槽区无植被阻碍，流速大），同时，植被的存在造成了交界处水流的强烈紊动，形成了混合层，在这一区域内，水流紊动十分强烈，其物质及动量交换也十分快速。本章将在前人研究的基础上，对不同工况下刚性植被河道水流的水动力学特征展开研究与讨论。

2.1 刚性植被阻力特性

河流中的灌木和乔木时常高于水面，尤其是在枯水期，树干及树根部分被水覆盖，而树冠部分则裸露在水面以上，形成非淹没刚性植被工况。如图 2.1 所示，水杉群的主干部分全部浸没于水中，树冠部分则在水面以上。

图 2.1　非淹没刚性植被

2.1.1 挺水植被

1. 植被全覆盖

1）恒定均匀流

当非淹没刚性植被在整个河槽内都有分布且分布均匀时（图 2.2），其水流结构相对简单。植被的存在对水流形成阻碍作用，植被拖曳力导致水流流速降低，水流形态也相对稳定。离开河床的黏性底层以后，水流纵向流速 U_x 在垂向上分布较为平均（Nikora et al.，2013）。对于恒定均匀流，可以得到如下动量守恒方程：

$$(1-\lambda)\rho g H i = \rho f_b U_x^2 + \frac{1}{2}\rho C_d a H U_x^2 \tag{2.1}$$

式中：ρ 为水的密度；g 为重力加速度；i 为能量坡度；f_b 为河床底部粗糙引起的沿程水头损失系数（达西-韦斯巴赫系数）；C_d 为拖曳力系数；$a = Dm$，D 为植被直径，m 为单位河床面积上的植被数；λ 为植被密度参数，即植被占河床面积的百分比。

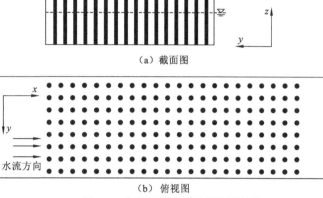

（a）截面图

（b）俯视图

图 2.2　全断面覆盖非淹没刚性植被

因此，纵向流速为

$$U_x = \left(\frac{gHi}{f_b + \frac{1}{2}C_d aH} \right)^{\frac{1}{2}}$$ （2.2）

　　研究表明，拖曳力系数 C_d 与雷诺数、植被密度、植被形态等有关（Ishikawa et al.，2000），植被丛的拖曳力系数 C_d 随雷诺数的变化规律与单个圆柱相似（Stoesser et al.，2010；Kothyari et al.，2009；Tanino and Nepf，2008；Ishikawa et al.，2000），然而 C_d 随植被密度与植被形态的变化规律却不甚明了。试验研究表明，C_d 有时随着植被密度的增大而增大（Stoesser et al.，2010；Tanino and Nepf，2008），有时又随着植被密度的增大而减小（Lee et al.，2004；Nepf，1999）。现阶段可以应用的近似公式如下。

　　Cheng 和 Nguyen（2010）：

$$C_{d(Cheng)} = \frac{130}{r_{v*}^{0.85}} + 0.8 \left[1 - \exp\left(-\frac{r_{v*}}{400} \right) \right]$$ （2.3）

式中：$r_{v*} = r_v(gi/\upsilon^2)^{1/3}$，$\upsilon$ 为水流运动黏度，$r_v = \pi(1-\lambda)D/(4\lambda)$。

　　Schlichting 和 Gersten（1979）：

$$\begin{cases} C_{d(Schilchting)} = Re_d^{-0.169}, & Re_d < 800 \\ C_{d(Schilchting)} = 1.0, & 800 \leqslant Re_d < 8\,000 \\ C_{d(Schilchting)} = 1.2, & 8\,000 \leqslant Re_d < 10^5 \end{cases}$$ （2.4）

式中：Re_d 为植被雷诺数，$Re_d = U_x D/\upsilon$。

2）恒定非均匀流

　　关于植被水流的研究，大部分都针对恒定均匀流进行。然而，在自然界和实际工程中，受多种因素如降雨、渗流、支流入汇、溃坝等（Assouline et al.，2015；Valentin and d'Herbès，1999；Bromley et al.，1997）的影响，水流的流动形态往往是非均匀的，其水面线是沿程变化的。在这种情况下，植被对水流的阻力特性会更加复杂（Green，2005）。对于由植被阻力作用引起的，水面线沿程下降的非均匀流情况，当水面坡降较大，而河床底坡很小或者近似为零时，水面梯度可以作为驱使水流的主要动力。本节将针对这一情况下的水流阻力开展研究，重点探讨恒定非均匀流情况下的植被拖曳力（王伟杰，2016）。

对于流量恒定的明渠流动，设水流方向为 x 方向，河槽宽度为 B，水深为 H，恒定流量为 Q，断面平均流速 $U = Q/(BH)$，可得到在水流方向上单位长度的能量损失，即能量坡度 i 的表达式，为

$$i = -\frac{\partial E_o}{\partial x} = -\frac{\partial}{\partial x}\left(z_g + \frac{p}{\gamma} + \alpha_v \frac{U^2}{2g}\right) \tag{2.5}$$

式中：E_o 为总的能量水头；z_g 为相对基准面的河床底部高程；p 为静水压强；γ 为水的重度；α_v 为动能修正系数，为了简便起见，本节取 $\alpha_v = 1$。河床底坡 $S_0 = -\partial z_g/\partial x$。展开式（2.5）可以得到在恒定流量情况下经典的圣维南方程组中的运动方程：

$$U\frac{\partial U}{\partial x} + g\frac{\partial H}{\partial x} - g(S_0 - i) = 0 \tag{2.6}$$

在此，需要额外的方程来描述能量坡度 i，才可以采用上述方程求解水面线。同时，在这里引入一个经典的且被广泛应用的假定（Thompson et al.，2011）：在非均匀渐变流中，水面坡降变化不大的情况下，虽然水流的整体流动是非均匀流动，但是其局部可以作为均匀流来处理，此时引入曼宁公式，即

$$U = \frac{1}{n}R^{2/3}i^{1/2} \tag{2.7}$$

式中：R 为水力半径；n 为糙率。

在这里，当糙率 n 是已知值（Chen et al.，2013；Foti and Ramírez，2013；Konings et al.，2011；Thompson et al.，2011）时，才能通过式（2.6）求解恒定非均匀流的水面线。同样，也可以采用达西-韦斯巴赫公式来描述能量坡度 i 与总的沿程水头损失系数 f 的关系式：

$$f = \frac{8gRi}{U^2} \tag{2.8}$$

糙率 n 与总的沿程水头损失系数 f 的关系为

$$n = \left(\frac{f}{8g}\right)^{1/2} R^{1/6} \tag{2.9}$$

然而，在植被存在的情况下，植被和河槽组成的整体的水流机理很复杂，其糙率很难确定，下面通过受力分析的方法来寻求能量坡度 i 的表达式。对恒定非均匀渐变流，在植被处于非淹没的情况下，采用局部均匀流的假定（Thompson et al.，2011）对流体进行受力分析。对于流线方向上长度为 dx 的局部流体，流体的驱动力即重力分力项为 $\gamma BH dx(1-\lambda)i$。同时，该流段受到的阻力有两项：①植被阻力项 $BdxF_d$，其中 F_d 为单位河床面积上植被对水流的阻力；②河床底部摩擦阻力项 $Bdx(1-\lambda)\tau_b$，其中 τ_b 为单位河槽底面积的摩擦力。该微小流段在驱动力和阻力的作用下平衡，可得

$$\gamma BH dx(1-\lambda)i = BdxF_d + Bdx(1-\lambda)\tau_b \tag{2.10}$$

进而化简为

$$\gamma BH(1-\lambda)i = BF_d + B(1-\lambda)\tau_b \tag{2.11}$$

其中，由达西-韦斯巴赫公式可知 $\tau_b = (1/8)\rho U^2 f_b$。由于植被的阻力项远远大于河槽底部的阻力项，河槽所产生的摩擦力项可以忽略不计，从而式（2.11）简化为

$$\gamma H(1-\lambda)i = F_d \tag{2.12}$$

其中，植被拖曳力采用前人的研究成果（Wang et al.，2015；Huai et al.，2014；Nepf，2012；Ghisalberti and Nepf，2004）：

$$F_d = \frac{1}{2}C_d a H \rho U^2 \tag{2.13}$$

于是

$$i = \left(\frac{C_d a}{1-\lambda}\right)\frac{U^2}{2g} \tag{2.14}$$

若给定边界条件，再将式（2.14）代入圣维南方程式（2.6），就可以得到恒定非均匀流情况下的水面线。而在应用圣维南方程求解水面线时，需采用等效的方法将植被的阻力等效到河槽底部上。下面考虑一段覆盖有非淹没刚性植被的渠道，该渠道在上游进口段后布置有纵向长度为 L_{veg} 的植被段，植被布置及水面线示意图见图 2.3。

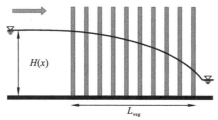

图 2.3　植被环境中恒定非均匀流的水面线

考虑到植被的存在会使河道过水断面减小，Tanino 和 Nepf（2008）、Cheng 和 Nguyen（2010）提出了断面平均流速与流量的关系，为

$$U = \frac{Q}{B(1-\lambda)H} \tag{2.15}$$

为了求解圣维南方程还需要拖曳力系数 C_d 参与计算，本节已经提到 C_d 与雷诺数、植被密度、植被形态等有关（Ishikawa et al.，2000），并给出了恒定均匀流条件下植被拖曳力系数的取值。但目前为止，针对恒定非均匀流情况下 C_d 取值的研究还很少。下面将利用圣维南方程反推求解非均匀流时的拖曳力系数 $C_{d\text{-}un}$，即

$$C_{d\text{-}un} = \frac{2g(1-\lambda)}{a}(P^* - A^*) \tag{2.16}$$

其中，P^* 为压力项，来源于式（2.5）的 $\partial(p/\gamma)/\partial x$ 项，可以表示为

$$P^* = \left(-\frac{\partial H}{\partial x}\right)\frac{1}{U^2} \tag{2.17}$$

A^* 为对流项，来源于式（2.5）的 $\partial[U^2/(2g)]/\partial x$ 项，可以表示为

$$A^* = \left(-\frac{\partial H}{\partial x}\right)\frac{1}{gH} \tag{2.18}$$

考虑圣维南方程式（2.6），只有水面线与植被拖曳力系数是未知的，且只需知道其中一个便可以推求另一个。接下来将利用一系列水槽试验中的水面线观测结果计算一系列的植被拖曳力系数，并以这些结果为基础，归纳出恒定非均匀流中植被拖曳力系数的估算方法。

水槽试验在武汉大学水资源与水电工程科学国家重点实验室的长直玻璃水槽中进行。水槽长 10 m，宽 0.3 m，底坡 $S_0 = 0$，为平坡水槽，如图 2.4 所示。

图 2.4　试验水槽

试验中采用长 0.25 m，直径 $D = 0.008$ m 的塑料圆柱棒来模拟刚性植被，且在整个试验过程中保证植被处于非淹没状态。将塑料圆柱棒均匀、线性地安装在 1 cm 厚打孔的塑料板上，以保证植被在水槽中的阻力是均匀的。试验中，通过调整植被间隔，同一块塑料板可以模拟不同的植被密度工况。试验采用四块打孔的塑料板模拟 8 个植被密度工况，如表 2.1 所示。各组试验中，均以水流刚刚进入植被区的位置为 x 坐标的原点，$x = 0$ 时的水深记为 H_0。

表 2.1　试验工况参数

工况	λ	L_{veg}/m	H_0/m	c_1	c_2	c_3
A	0.419	0.712 5	0.214 5	0.075 3	0.822 3	0.228 0
B	0.291	0.635 3	0.137 9	0.042 7	0.724 1	0.149 4
C	0.206	0.648 2	0.110 7	0.031 2	0.722 4	0.117 6
D	0.163	0.658 1	0.098 4	0.028 2	0.746 2	0.105 8

续表

工况	λ	L_{veg}/m	H_0/m	c_1	c_2	c_3
E	0.073	0.616 2	0.071 5	0.019 2	0.741 0	0.076 7
F	0.041	0.656 0	0.062 8	0.018 2	0.781 8	0.065 5
G	0.018	0.525 1	0.053 6	0.011 0	1.006 9	0.052 8
H	0.010	0.527 5	0.046 6	0.089 7	5.662 2	-0.108 7

各组试验得到的水面线结果如图 2.5 所示。由于植被的存在，水面线出现了些许波动，这时需要用连续、平滑的曲线函数来模拟水面线，以减小误差。这一拟合函数需要满足两个要求：①函数可导，即导数的解析解形式是存在的；②函数是对水面线的适度拟合，即当水面线有波动时，函数不会过度拟合，以免表达式误差偏大。同时，该函数方程也要满足数学上的两个限制条件：① $\partial H / \partial x < 0$，即水深是沿程下降的，这在试验图像中是显而易见的；② $\partial^2 H / \partial^2 x < 0$，表明水面线是上凸的形状，类似于 M2 型水面线（Subramanya，2009；李炜和徐孝平，2000）。满足上述条件的一个较为简单的函数为如下的倒数函数：

$$\frac{\partial H}{\partial x} = \frac{c_1}{x - c_2} \tag{2.19}$$

式中：c_1、c_2 为拟合参数，由试验数据确定。

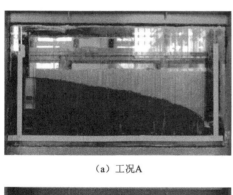

（a）工况A

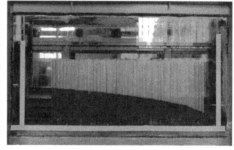

（b）工况B

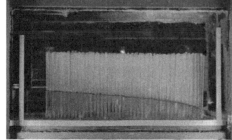

（c）工况C

（d）工况D

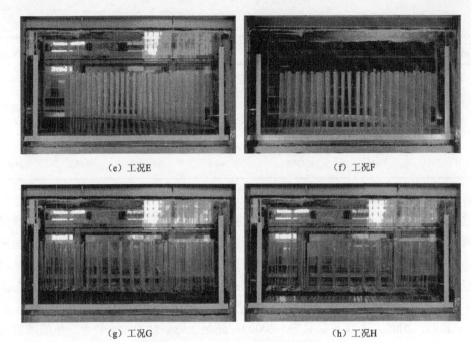

（e）工况E （f）工况F

（g）工况G （h）工况H

图 2.5 各组试验水面线观测结果

对式（2.19）积分可得水深的表达式，为

$$H = c_1 \ln|x - c_2| + c_3 \quad (2.20)$$

式中：c_3 为积分常数。

利用 MATLAB 软件对试验数据进行稳健回归分析便可得到参数 c_1、c_2 和 c_3，同时设标准化的位置坐标 $x^+ = x / L_{\text{veg}} \leqslant 1$，标准化的水深为 $H^+(x) = H(x) / H_0$。Cheng 和 Nguyen（2010）曾给出恒定均匀流条件下非淹没刚性植被的拖曳力系数，而对于单个植被的拖曳力系数 $C_{\text{d-iso}}$，Cheng（2012）建议为

$$C_{\text{d-iso}} = 11 Re_{\text{d}}^{-0.75} + 0.9 \Gamma_1(Re_{\text{d}}) + 1.2 \Gamma_2(Re_{\text{d}}) \quad (2.21)$$

其中，

$$\Gamma_1(Re_{\text{d}}) = 1 - \exp\left(-\frac{1\,000}{Re_{\text{d}}}\right) \quad (2.22)$$

$$\Gamma_2(Re_{\text{d}}) = 1 - \exp\left[\left(-\frac{Re_{\text{d}}}{4\,500}\right)^{0.7}\right] \quad (2.23)$$

由此可见，植被丛的拖曳力系数与单个植被不同，植被之间的影响是不可忽略的。当雷诺数较小时，水的黏滞性影响相比于植被的形状阻力是不能忽略的。在这种情况下，圆柱植被表面会形成黏性边界层，使水流在相邻植被间的有效过水通道小于植被的间隔。因此，相比于单个圆柱植被的过流情况，植被丛间隙中的这种低速流动会导致更大的流动阻力，使植被丛的拖曳力系数大于单个植被的拖曳力系数，这种情况就是增阻效应。前人的研究也证实了这一点。例如，Tanino 和 Nepf（2008）的试验数据显示，当 $Re_{\text{d}} < 1000$ 时，植被丛的增阻效应比较明显，且 C_{d} 随着植被密度的增加而增大，并随着雷诺数的增

大而减小。然而，当雷诺数较大（$Re_d > 1000$）时，情况会发生改变。此时，在植被表面形成的层流边界层的厚度会非常薄，以至于边界层厚度远远小于植被间隔，增阻效应基本可以忽略。同时，尾流的产生及涡的形成，使水流产生类似卡门涡街的现象。这些卡门涡街在植被区的发展是有局限性的，因为尾流和植被的相互作用会限制这些涡发展的最大尺度。时均流速的增加会导致涡产生频率的增加，这些涡都会填充在植被间隔之中。因此，雷诺数的增加通常会导致拖曳力系数的减小，这种导致植被丛的拖拽力系数小于单个植被的拖拽力系数的效应称为减阻效应。减阻效应在 Poggi 等（2004）的植被水流水槽试验中也得到了验证。这些研究都是在恒定均匀流的条件下展开的，那么对于恒定非均匀流，植被的拖曳力系数又有着怎样的变化规律呢? 为了解决这一问题，首先分别将式（2.21）与式（2.3）代入圣维南方程求解试验工况下的水面线，结果见图 2.6。

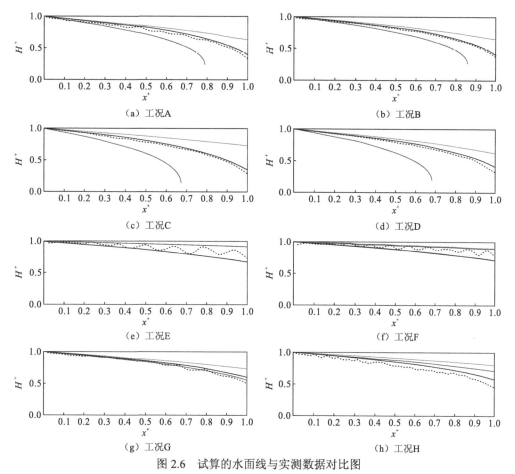

图 2.6　试算的水面线与实测数据对比图

黑色圆点为相机拍摄的数据；绿色曲线为 $C_{d\text{-iso}}$ 代入圣维南方程计算得到的水面线；红色曲线为 $C_{d(Cheng)}$ 代入圣维南方程计算得到的水面线；黑色曲线为 $C_{d\text{-un}}$ 代入圣维南方程计算得到的水面线

由图 2.6 可以看出，将前人的拖曳力系数 $C_{d\text{-iso}}$ 和 $C_{d(Cheng)}$ 代入圣维南方程求解水面线的结果是不理想的，与实测的水面线偏差太大。因此，下面采用反推求解的 $C_{d\text{-un}}$ 来研究非均匀植被水流的阻力特性。这里采用水面线模型式（2.20）来模拟实测的水面线，通过最优拟合得到的参数见表 2.1。得到的最优拟合水面线 $H^+(x^+)$ 及水面坡度 $\partial H^+/\partial x^+$ 的拟合值与实测值的对比，分别如图 2.7、图 2.8 所示。从图中可以看出，采用式（2.20）可以很好地、平滑地模拟水面线。

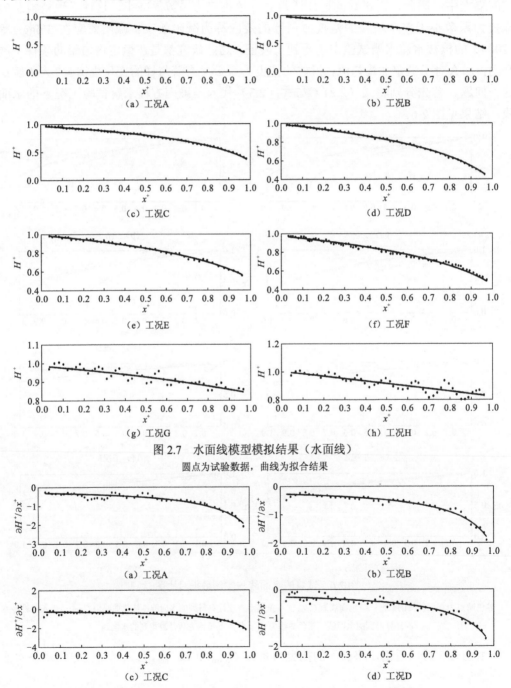

图 2.7　水面线模型模拟结果（水面线）

圆点为试验数据，曲线为拟合结果

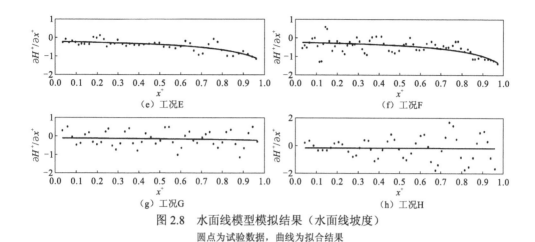

（e）工况E　　　　（f）工况F

（g）工况G　　　　（h）工况H

图 2.8　水面线模型模拟结果（水面线坡度）

圆点为试验数据，曲线为拟合结果

将该水面线模型的数学表达式代入 $C_{\text{d-un}}$ 便可以求得非均匀流情况下的拖曳力系数表达式。从图 2.8 中可以看出，在植被很稀疏（工况 G 与工况 H）的情况下，水面线波动很大，造成水面坡度 $\partial H^+ / \partial x^+$ 有很大的误差，故在下面研究水面线模型的系数（c_1、c_2、c_3）时将这两个工况排除。

图 2.9（a）展示了工况 A～F 的拖曳力系数 $C_{\text{d-un}}$ 随着雷诺数 Re_{d} 的变化情况，其中 Re_{d} 的范围是 830～3 530。图中的 $C_{\text{d-un}}$ 显示出类似抛物线形的图案，这与前人对恒定均匀流研究时得到的结果（Cheng and Nguyen，2010；Tanino and Nepf，2008）是截然不同的。图 2.9（b）展示了标准化的拖曳力系数 $C_{\text{d-un}} / C_{\text{d-iso}}$（$C_{\text{d-un}} / C_{\text{d-iso}} > 1$ 为增阻效应，$C_{\text{d-un}} / C_{\text{d-iso}} < 1$ 为减阻效应）随雷诺数 Re_{d} 的变化情况。因为 $C_{\text{d-iso}}$ 在此雷诺数区间的变化不大，均在 1 左右浮动，所以可以看出图 2.9（a）、（b）的形状差异不大。从图 2.9（b）中可以看出，对于每个工况，标准化的拖曳力系数 $C_{\text{d-un}} / C_{\text{d-iso}}$ 从植被区的起始端 $x = 0$（低雷诺数）处逐渐开始增大，在植被区内部达到峰值，随后开始减小，在植被区末端 $x = L_{\text{veg}}$ 处减小到最小，且整体呈现类似抛物线的形状。当临界雷诺数 $Re_{\text{d-cr}}$ 为 3 000 左右（每个工况的临界点不同）［图 2.9（b）］时，$C_{\text{d-un}} / C_{\text{d-iso}} = 1$，此临界雷诺数之前，$C_{\text{d-un}} / C_{\text{d-iso}} > 1$，显示出植被丛的增阻效应，此临界雷诺数之后，$C_{\text{d-un}} / C_{\text{d-iso}} < 1$，显示为减阻效应。综上：增阻效应时，$C_{\text{d-un}} / C_{\text{d-iso}} \in (1,2)$；减阻效应时，$C_{\text{d-un}} / C_{\text{d-iso}} \in (0.4,1)$。

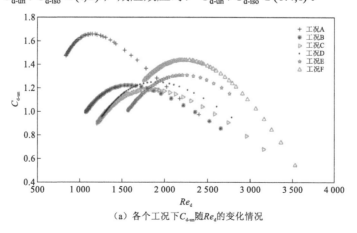

（a）各个工况下 $C_{\text{d-un}}$ 随 Re_{d} 的变化情况

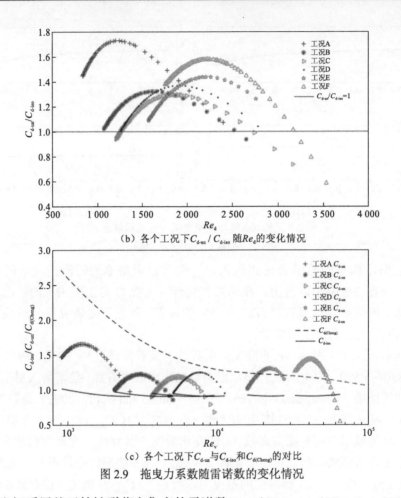

（b）各个工况下$C_{d\text{-}un}/C_{d\text{-}iso}$随$Re_d$的变化情况

（c）各个工况下$C_{d\text{-}un}$与$C_{d\text{-}iso}$和$C_{d(Cheng)}$的对比

图2.9 拖曳力系数随雷诺数的变化情况

当横坐标采用基于植被群落密集度的雷诺数Re_v（Cheng and Nguyen，2010）时，对比本章提出的$C_{d\text{-}un}$和$C_{d(Cheng)}$，结果如图2.9（c）所示，其中本试验中Re_v的范围是900～64 900。从图2.9（c）可以看出，对于工况 A～D，$C_{d\text{-}un}$小于$C_{d(Cheng)}$，说明在这些植被密度下，非均匀流时的拖曳力系数比均匀流时的拖曳力系数要小；而对于工况 E 和 F，$C_{d\text{-}un}$横跨$C_{d(Cheng)}$，即$C_{d\text{-}un}$在雷诺数较小时比$C_{d(Cheng)}$小，之后随着雷诺数的增加超过$C_{d(Cheng)}$达到峰值，随后又开始减小并最终小于$C_{d(Cheng)}$。

下面来分析$C_{d\text{-}un}$与恒定均匀流条件下的拖曳力系数不同的原因。将水面线模型代入$C_{d\text{-}un}$，并以雷诺数Re_d为自变量，即可得到基于参数c_1、c_2、c_3的拖曳力系数的表达式：

$$C_{d\text{-}un}(Re_d) = \frac{2g(1-\lambda)}{aD}[P^*(Re_d) - A^*(Re_d)] \tag{2.24}$$

其中，以雷诺数为自变量的压力项表示为

$$P^*(Re_d) = (S_H D^2 \upsilon^{-2})Re_d^{-2} \tag{2.25}$$

以雷诺数为自变量的对流项表示为

$$A^*(Re_d) = \frac{S_H B \upsilon (1-\lambda)}{gQD} Re_d \tag{2.26}$$

水面线的坡度为

$$S_H = -\frac{\partial H}{\partial x} = c_1 \exp\left[\frac{c_3}{c_1} - \frac{QD}{c_1 B \upsilon (1-\lambda)} Re_d^{-1}\right] \tag{2.27}$$

从式（2.24）可以看出，某一工况下的拖曳力系数是由 $P^* - A^*$ 决定的：

$$P^* - A^* = S_H \left(\frac{1}{U^2} - \frac{1}{gH}\right) \tag{2.28}$$

这里分别以最密的工况 A 及最稀疏的工况 F 为例（除去水面波动较大的工况 G 和工况 H），分析抛物线形拖曳力系数出现的原因。如图 2.10、图 2.11 所示，$1/U^2$ 沿程减小，而 $1/(gH)$ 沿程增大，水面线坡度 S_H 则沿程逐渐增大。在水流方向上，逐渐增大的 S_H 与逐渐减小的 $1/U^2 - 1/(gH)$ 相乘造成了类似抛物线形的 $P^* - A^*$，并进一步决定了 $C_{\text{d-un}}$ 的变化规律。

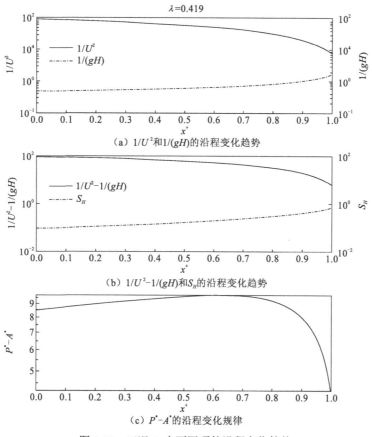

（a）$1/U^2$ 和 $1/(gH)$ 的沿程变化趋势

（b）$1/U^2 - 1/(gH)$ 和 S_H 的沿程变化趋势

（c）$P^* - A^*$ 的沿程变化规律

图 2.10　工况 A 中不同项的沿程变化趋势

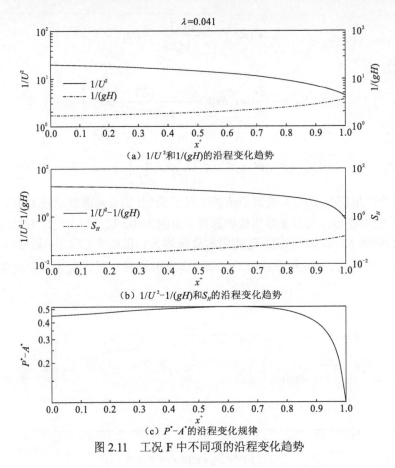

(a) $1/U^2$和$1/(gH)$的沿程变化趋势

(b) $1/U^2-1/(gH)$和S_H的沿程变化趋势

(c) P^*-A^*的沿程变化规律

图 2.11　工况 F 中不同项的沿程变化趋势

式（2.24）给出了计算恒定非均匀流条件下植被拖曳力系数的方法，该表达式基于水面线参数 c_1、c_2、c_3。这些参数与水深 H_0、临界水深 H_{cr} 及植被区纵向长度 L_{veg} 有关。在植被区起始点处（$x=0$），水深为 H_0，故

$$c_3 = H_0 - c_1 \ln|c_2| \tag{2.29}$$

另外，植被的密度也决定了这三个参数的选取，如图 2.12（a）所示，假定参数 c_1 是植被密度 λ 的函数，此关系可以拟合为

$$c_1 = 0.323\lambda^2 + 0.018 \tag{2.30}$$

同时，可以得到各个工况下 $x=0$ 处的水面坡度，即 c_1/c_2 的取值，这一取值同样可以看作植被密度 λ 的函数，如图 2.12（b）所示，拟合为

$$c_1/c_2 = 0.258\lambda^{3/2} + 0.02 \tag{2.31}$$

至此，参数 c_1、c_2、c_3 均可由式（2.29）～式（2.31）确定，代入拖曳力系数表达式式（2.24）后即可得到 $C_{d\text{-}un}$ 与雷诺数 Re_d 的关系。此后，尝试将得到的 $C_{d\text{-}un}$ 代回圣维南方程求解试验工况下的水面线，得到的水面线如图 2.6 中的黑色曲线所示。可以看出，预测的水面线与实测水面线吻合良好。考虑到工况 A～F 的植被分布形式均为平行线性分布，为了进一步验证模型的有效性，进行了附加试验（工况 E1）。该试验中，植被采用交错形式布置，

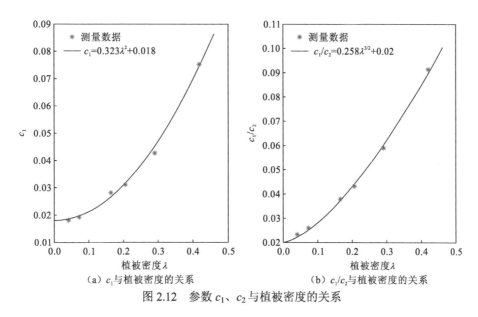

（a）c_1 与植被密度的关系　　　　　　（b）c_1/c_2 与植被密度的关系

图 2.12　参数 c_1、c_2 与植被密度的关系

其他试验条件与工况 E 相同，即保持相同的植被密度。利用参数 c_1、c_2、c_3 的经验方程求 $C_{d\text{-}un}$，并进一步通过圣维南方程求解水面线。如图 2.13 所示，点表示水面线实测值，实线表示水面线预测值。可以看出，拖曳力系数模型式（2.24）对于交错分布的植被也同样适用。

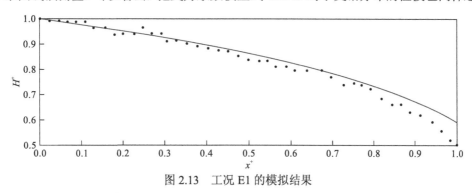

图 2.13　工况 E1 的模拟结果

本节讨论了全断面均匀覆盖非淹没刚性植被时河道阻力的相关规律，恒定均匀流的水流结构相对简单，植被拖曳力系数可采用 Cheng 和 Nguyen（2010）提出的公式进行计算。然而，这一公式在非均匀流情况下不再适用。对于非均匀流的工况，本节基于试验研究，利用圣维南方程进行反推，分析了不同植被密度下的拖曳力，并给出了拖曳力系数的计算公式，初步解决了恒定非均匀流条件下植被阻力的计算问题。

2. 植被部分覆盖

在一些天然河道及人工渠道中，水生植物可能只生长于靠近河岸的区域（图 2.14），而在河道的中心，水流流速较快，不利于植物的生长，这样便形成了部分覆盖植被的河道工况。在部分覆盖植被的河道中，近岸植物阻碍了近岸水流的发展，同时对主槽区内的水流产生影响。针对这一工况，可以将河道分为主槽区与植被区两部分分别进行分析，但需要注意的是，传统的分割断面法并不能应用于该工况下的流量预测（槐文信 等，2008；童汉毅 等，2003）。这是因为，植被区和主槽区交界面附近存在较为复杂的涡漩，这些涡漩会引起两个区域之间水流的动量交换。因此，在将两个区域分开分析时，还要将界面上的表观切应力合理地计入。为了得到表观切应力的计算方法，罗婧和槐文信（2014）提出利用柯尔莫哥洛夫紊流模型来描述由涡漩交换产生的表观切应力（即唯象理论模型），本节将详细介绍这一方法。在此之前，首先介绍利用唯象理论描述河床阻力的方法。

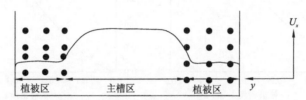

图2.14　对称地部分覆盖非淹没刚性植被

对于普通明渠（不考虑植被作用）的河床阻力，Gioia 和 Bombardelli（2002）提出利用柯尔莫哥洛夫紊流理论可以分析得到由紊流涡漩主导的阻力形成机制，并推导出曼宁公式。柯尔莫哥洛夫紊流理论将紊流看作由不同尺度涡漩组成的系统，并认为紊动能由大尺度涡漩不断向小尺度涡漩传播，并最终被摩擦力耗散。Gioia 和 Bombardelli（2002）、Gioia 和 Chakraborty（2005）提出通过紊流涡漩进一步将这一理论形象化：假定一个正切于河床凸起顶端且平行于渠底的浸水面为 W（图2.15），作用在此处的表观切应力 τ_i 是由跨越 W 的涡漩使水流进行动量交换形成的。

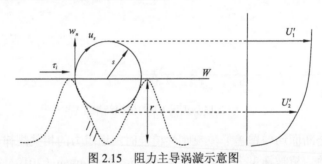

图2.15　阻力主导涡漩示意图

涡漩带着单位体积的具有较高水平动量（$\rho U_1'$，U_1' 为涡漩顶端所在区域水流的平均流速）的水流向下穿过 W，而带着单位体积的具有较低水平动量（$\rho U_2'$，U_2' 为涡漩底部所在区域的平均流速）的水流向上穿过 W，这样涡漩引起的动量差为 $\rho U_2' - \rho U_1'$。切向 W 的脉动速度 u_t 取决于涡漩上、下表面的速度差。

$$u_t = U_2' - U_1' \tag{2.32}$$

同时，考虑到河床粗糙形成的阻力与能合适填充在连续粗糙元间的最大涡漩有关，该涡漩的尺度记为 $s \approx r$（r 为粗糙元的平均尺寸），如图2.15所示（Gioia and Bombardelli，2002）。而该涡漩的特征速度 u_s 决定着动量交换速度 w_n，即 $w_n \propto u_s$。根据柯尔莫哥洛夫紊流理论，涡漩能量由大尺度涡漩不断向小尺度涡漩依次传递，并最终在柯尔莫哥洛夫

紊流尺度的涡漩上开始被摩擦力耗散，由此可以得到

$$w_n \propto u_s \propto \left(\frac{r}{R}\right)^{1/3} U_{\text{bulk}} \tag{2.33}$$

进一步，可以得到

$$\tau_i = K_{\text{T}}\rho(U_2' - U_1')\left(\frac{r}{R}\right)^{1/3} U_{\text{bulk}} \tag{2.34}$$

式中：U_{bulk} 为断面平均的纵向流速；K_{T} 为无量纲常数。

下面利用此唯象理论模型计算部分覆盖非淹没植被的河道主槽区与植被区之间的表观切应力，并进一步计算各区域的平均流速，先考虑只有一侧河岸长有植被的情况（图 2.16），植被区宽度设为 B_1，两岸对称分布植被的情况可在此基础上推广得到。图 2.16 同时显示了纵向流速在展宽方向上的分布 $U(y)$，该流速分布在 $y \to -B_1$ 时，$U(y) \to U_1$，在 $y \to B - B_1$ 时，$U(y) \to U_2$。整个植被区的平均纵向流速记为 V_1，主槽区的平均纵向流速记为 V_2。

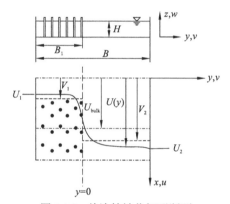

图 2.16　单边植被化矩形断面

根据有无植被分布将河道分为植被区和主槽区两个部分，植被区水流受力包括重力分力、植被拖曳力、河床摩擦力及主槽区与植被区之间的表观切应力，而主槽区内水流则没有受到植被拖曳力。因此，力的平衡方程可以分别表示如下。

植被区：

$$\rho g H i(1-\lambda) = P_1\tau_1 - H\tau_i + C_d\rho a V_1^2 B_1 H / 2 \tag{2.35}$$

主槽区：

$$\rho g H i = P_2\tau_2 + H\tau_i \tag{2.36}$$

式中：P_1、P_2 分别为植被区和主槽区的固体壁面湿周；τ_1、τ_2 分别为植被区和主槽区的固体壁面切应力；τ_i 为植被区和主槽区界面上的表观切应力。

植被区和主槽区界面上的表观切应力 τ_i 由该界面的主导涡漩控制。假设涡漩为圆形，圆心在植被区与主槽区交界面上（图 2.17），半径为 r'，涡漩特征速度为 $u_{r'}$。这一涡漩使两区域在进行动量交换时产生猝发和扫掠效应（Konings et al.，2012）。当 $u' < 0$，$v' > 0$ 时，涡漩从植被区猝发出一定体积的水流，其单位体积动量为 ρV_1；当 $u' > 0$，$v' < 0$ 时，

涡漩通过扫掠使同等体积的水流从主槽区运输到植被区，其单位体积动量为 ρV_2。u'、v' 分别为纵向、横向速度的脉动值。由此可见，水流交换的动量差为 $\rho(V_2 - V_1)$。类比式（2.33），可得

$$u_{r'} \propto (r'/R)^{1/3} U_{\text{bulk}} \tag{2.37}$$

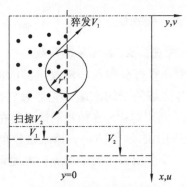

图 2.17   主导涡漩示意图

主导涡漩是在植被区与主槽区界面上存在的最大涡漩，也就是说，水平和垂直的长度尺度都可以限制涡漩的大小。水平方向上，涡漩尺度受到主槽区宽度 $B - B_1$、总宽度的一半 $B/2$ 和涡漩入侵到植被区的距离 δ_1 的共同限制。入侵宽度 δ_1 通常定义为交界面与雷诺应力降低到交界面上雷诺应力值的 10% 的位置之间的横向距离（Schlichting and Gersten，1979），White 和 Nepf（2008）提出：

$$\delta_1 = \max\{0.5(C_d a)^{-1}, 1.8D\} \tag{2.38}$$

式中：D 为植被直径。垂直限制长度尺寸为 $H/2$。这里假定研究对象为宽浅明渠，即 $H \ll B$，所以涡漩大小为 $r' = \min\{\delta_1, B - B_1, H/2\}$，于是参考式（2.34）并考虑到 $\lambda \ll 1$，表观切应力可以表示为

$$\tau_i = \rho K_{\text{T}} \left(\frac{r'}{R}\right)^{1/3} U_{\text{bulk}}(V_2 - V_1) = \rho K_{\text{T}} \left(\frac{r'}{R}\right)^{1/3} \frac{V_1 B_1 + V_2(B - B_1)}{B}(V_2 - V_1) \tag{2.39}$$

同时，考虑到槐文信等（2008）提出：

$$\tau_i = \rho \alpha (V_2^2 - V_1^2) \tag{2.40}$$

于是，动量交换系数 α 满足

$$\alpha = 0.5 K_{\text{T}} \left(\frac{r'}{R}\right)^{1/3} \beta \tag{2.41}$$

其中，$\beta = \dfrac{2}{V_2 + V_1} \cdot \dfrac{V_1 B_1 + V_2(B - B_1)}{B}$，当 B_1 与 $B - B_1$ 较为接近时，可取 $\beta \approx 1$。

将式（2.41）代回到力的平衡方程后可得

$$V_1 = C_1 \sqrt{R_1 i} \{\delta_1 / [1 + 2\alpha(\beta_1 + \beta_2) + C_d K(\beta_1 + 2\alpha\beta_1\beta_2)]\}^{1/2} \tag{2.42}$$

$$V_2 = C_2 \sqrt{R_2 i} \{(\delta_2 + KC_d\beta_1) / [1 + 2\alpha(\beta_1 + \beta_2) + C_d K(\beta_1 + 2\alpha\beta_1\beta_2)]\}^{1/2} \tag{2.43}$$

式中：$\delta_1 = 1 + 2\alpha[\beta_2 + \beta_1 C_2^2 R_2 / (C_1^2 R_1)]$；$\delta_2 = 1 + 2\alpha[\beta_1 + \beta_2 C_1^2 R_1 / (C_2^2 R_2)]$；$C_1$、$R_1$ 和 C_2、R_2 分别为植被区和主槽区的谢才系数及水力半径；$\beta_1 = HC_1^2 / 2gP_1$；$K = aB_1$；$\beta_2 = HC_2^2 / 2gP_2$。经率定后，$K_T \approx 0.069$。可以看出，式（2.42）、式（2.43）考虑了渠道水深、水力坡降、植被区与主槽区宽度及糙率、植被直径、植被密度及植被拖曳力系数。此外，本模型也可用于两岸对称植被化渠道各区域平均流速的计算。

2.1.2　沉水植被

天然河流及人工河槽中，时常出现水深大于植被高度，形成淹没植被水流的情况，尤其是在洪水期，这种情况更为常见。同时，洪水期也是洪涝灾害的高发期，故而研究植被在淹没后对河道泄洪能力的影响实际上更为重要。对于淹没刚性植被的水流，植被以上的水流因为没有植被的阻碍作用，流速较快，植被顶部以下的水流则在植被拖曳力影响下，流速缓慢，上、下层水流之间因流速差形成了强烈的剪切流，并形成混合层。在混合层内，上、下层水流形成强烈的掺混。同时，上层水流向下入侵，侵入植被以内。下面将针对淹没刚性植被影响下的水流进行分析研究，以期给出淹没刚性植被影响下水流的断面平均流速的预测方法。

当植被淹没时，在植被高度以下，水流受到植被拖曳力的影响，流速较低。在植被高度以上，水流流速较高。两者之间的流速梯度及两者交界处的混合层，对水流的流速特性产生着巨大的影响，同时也改变了河道的行洪能力。在总结前人的研究之后，基于对水流结构物理含义的分析，结合遗传算法软件，得到了估测全断面均匀覆盖淹没植被的水流平均流速的方法。在此，只关心全断面整体的平均流速，而不过多考虑水流内部的流速分布与流场变化，只用模型预测淹没植被水流的断面平均流速。前人的很多研究都着眼于此，并提出了各自不同的模型与公式。这类模型可以分为以下两种：单层模型、双层模型。

1. 单层模型

在研究全断面均匀覆盖淹没刚性植被的水流断面平均流速时，许多研究者将之类比于无植被的普通明渠流，并据此提出了全断面均匀覆盖淹没刚性植被的水流断面平均流速预测的单层模型。单层模型将植被视为河床粗糙度的一部分，采用传统的阻力公式（如达西-韦斯巴赫公式）来描述植被对水流的阻力。其中，比较有代表性的研究成果包括：Cheng（2015）重新定义了全断面均匀覆盖淹没刚性植被水流中的水力半径，传统的水力半径的定义为面积除以长度，而 Cheng（2015）则在重新分析后提出，利用体积除以面积来计算水力半径，并进一步用其计算达西-韦斯巴赫系数，再通过达西-韦斯巴赫公式计算断面平均流速。Tinoco 等（2015）将机器学习模型（遗传算法）用于单层模型的构建过程，在将各参量无量纲化后，以弗劳德数（Fr）为目标函数，利用遗传算法，得出了具有较高精度的一系列备选公式，形成公式库，再在此公式库内进行筛选，挑选出了与谢才公式具有相同形式的全断面均匀覆盖淹没刚性植被的水流平均流速的预测公式。

2. 双层模型

前述淹没植被水流模型中，将植被引起的拖曳力视作河床对水流的阻力。然而，河床阻力与植被拖曳力有着不同的物理含义和计算方法。更加精确的处理方式应当是，将植被拖曳力与河床粗糙引起的阻力区分开来，分别进行讨论。从这点出发，学者（Cheng，2011；Yang and Choi，2010；Baptist et al.，2007；Huthoff et al.，2007；Stone and Shen，2002）提出以植被顶端为界将淹没植被水流分为两层：植被层、表层（图2.18）。分层之后，可分别研究并给出表层水流与植被层水流的平均流速，加权后即可得到预测全断面水流平均流速的方法。

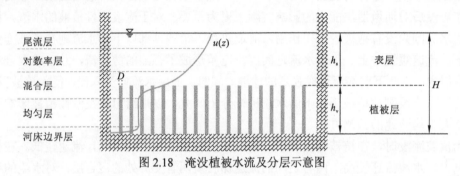

图 2.18　淹没植被水流及分层示意图

植被层内的水流直接受到植被引起的拖曳力作用，植被层流速远小于表层流速，从而引起两层水流之间的表观切应力 τ_k（Huthoff et al.，2007）。对于表层水流，有

$$\rho g h_s i = \tau_k \tag{2.44}$$

对于植被层水流，有

$$\rho g h_v i (1-\lambda) + \tau_k = \int_0^{h_v} \frac{1}{2}\rho C_{dl} a u^2 \mathrm{d}z + \frac{1}{8}\rho f_b U_v^2 \tag{2.45}$$

式中：h_s 为表层水流厚度；u 为当地时均流速；U_v 为植被层平均流速；$\rho f_b U_v^2 / 8$ 为河床底部引起的阻力；C_{dl} 为当地拖曳力系数。

联立式（2.44）、式（2.45），得

$$\rho g h_v i (1-\lambda) + \rho g h_s i = \int_0^{h_v} \frac{1}{2}\rho C_{dl} a u^2 \mathrm{d}z + \frac{1}{8}\rho f_b U_v^2 \tag{2.46}$$

在式（2.46）中，当地拖曳力系数 C_{dl} 难以确定。Dunn 等（1996）、Nepf 和 Vivoni（2000）、Ghisalberti 和 Nepf（2004）、Tang 等（2014）曾尝试通过试验得出 C_{dl} 的垂向分布。然而，尽管他们均使用刚性的圆柱来模拟植被，得出的试验结果却并不相同。为了避免这一麻烦，一个常用的简化方法为使用断面平均的拖曳力系数 C_{db}（Cheng，2012；Huthoff et al.，2007）：

$$\int_0^{h_v} \frac{1}{2}\rho C_{dl} a u^2 \mathrm{d}z = \frac{1}{2}\rho h_v C_{db} a U_v^2 \tag{2.47}$$

Huthoff 等（2007）的研究指出，在绝大多数情况下，植被引起的拖曳力远大于河床底部引起的阻力，故后者可以忽略：

$$U_v \approx \sqrt{\dfrac{2gi\left[(1-\lambda)+\dfrac{h_s}{h_v}\right]}{C_{db}a}} \tag{2.48}$$

对于 C_{db} 的估计，学者曾采用常数来进行，如 Baptist 等（2007）、Huthoff 等（2007）、Li 等（2015）认为 $C_{db} \approx 1$，而 Yang 和 Choi（2010）则建议 C_{db} 取 1.13。然而，近年的试验研究表明，C_{db} 与雷诺数（$Re_d = U_v D v^{-1}$）、植被密度等参数有关（Sonnenwald et al.，2018b；Etminan et al.，2017；Tinoco and Cowen，2013；Cheng，2012；Cheng and Nguyen，2010；Tanino and Nepf，2008）。其中，Tanino 和 Nepf（2008）、Tinoco 和 Cowen（2013）及 Sonnenwald 等（2018b）根据试验结果提出了相似的公式，它们都符合形式：

$$C_{db} = 2\left(\dfrac{\alpha_0}{Re_d} + \alpha_1\right) \tag{2.49}$$

式中：α_0、α_1 分别为与黏性力和惯性力相关的系数。Tanino 和 Nepf（2008）、Tinoco 和 Cowen（2013）均认为当雷诺数 Re_d 足够大（$Re_d > 1000$）时，Re_d 将不再影响 C_{db}，故他们的公式如下。

Tanino 和 Nepf（2008）：

$$C_{d(T\&N)} = 2(0.46 + 3.8\lambda) \tag{2.50}$$

Tinoco 和 Cowen（2013）：

$$C_{d(T\&C)} = 2(0.58 + 6.49\lambda) \tag{2.51}$$

Cheng 和 Nguyen（2010）在研究淹没刚性植被引起的阻力时，重新定义了水力半径，并由此得到了估计 C_{db} 的计算公式，即式（2.3），记为 $C_{d(Cheng)}$。

Sonnenwald 等（2018b）在分析了现有的试验数据后，提出了如下经验公式：

$$C_{d(Sonnenwald)} = 2\left(\dfrac{6\,475D+32}{Re_d} + 17D + 3.2\lambda + 0.5\right) \tag{2.52}$$

式（2.52）具有较高的精度，但却是量纲不和谐的。虽然式（2.40）~式（2.52）均来源于非淹没植被下的试验数据，但 King 等（2012）、Cheng（2015）的研究表明，将这些公式用于淹没植被也能得到可靠的结果。下面将比较这些公式与测量数据的误差，以选出最合适的公式。Tang 等（2014）对淹没刚性植被影响下水流流速的垂向分布做了详细的测量，利用各点的流速测量值，进行梯形积分平均后，即可得到实际的植被层平均流速（记为 U_{vm}）。梯形积分平均公式为

$$U_{vm} = \dfrac{1}{h_v}\int_0^{h_v} u\,\mathrm{d}z = \dfrac{\dfrac{1}{2}\sum_{j=1}^{n}(u_j + u_{j+1})\Delta h_j}{h_v} \tag{2.53}$$

式中：u_j 为测量点 j 上测得的时间平均流速；Δh_j 为

$$\Delta h_j = h_{j+1} - h_j \tag{2.54}$$

式中：h_j 与 h_{j+1} 分别为 j 与第 $j+1$ 个测量点的高度。

式（2.48）变形后可得拖曳力系数的测量值，记为 C_{dbm}：

$$C_{dbm} \approx \frac{2gi\left[(1-\lambda)+\dfrac{h_s}{h_v}\right]}{aU_{vm}^2} \tag{2.55}$$

将式（2.55）与式（2.50）、式（2.51）及式（2.3）的结果比较后，可得平均相对误差（MRE），此处，考虑到式（2.52）是量纲不和谐的，故没有参与这里的比较。

$$MRE = \frac{1}{NUM}\sum_{j=1}^{NUM}\left|\frac{p_j - b_j}{b_j}\right| \tag{2.56}$$

式中：NUM 为数据量；p_j 为预测值；b_j 为测量值。

误差计算结果及其他参数见表 2.2。由此可见，式（2.3）对于淹没刚性植被水流工况具有最高的精度，故可选用该公式计算拖曳力系数。

表 2.2 拖曳力系数公式比较结果及其他参数

工况	$U_{vm}/$（cm/s）	H/cm	D/cm	h_v/cm	$i/10^{-4}$	$\lambda/10^{-2}$	C_{dbm}	$C_{d\,(Cheng)}$	$C_{d\,(T\&N)}$	$C_{d\,(T\&C)}$
A1	5.00	18	0.6	6	6	2.83	2.33	1.46	1.14	1.53
D2	11.74	18	0.6	6	5.8	1.13	1.03	1.15	1.00	1.31
B1	5.86	18	0.6	6	4.2	1.18	1.79	1.31	1.06	1.40
D3	12.12	20	0.6	6	8.9	1.13	1.64	1.13	1.00	1.31
C1	6.85	18	0.6	6	3.4	1.14	1.42	1.24	1.03	1.34
B7	13.53	15	0.6	6	18.2	1.88	1.21	1.17	1.06	1.40
D1	7.34	18	0.6	6	3	1.13	1.36	1.19	1.01	1.31
B8	10.11	18	0.6	6	11.9	1.88	1.70	1.20	1.06	1.40
A7	12.60	15	0.6	6	22.4	2.83	1.14	1.26	1.14	1.53
平均相对误差								19.5%	26.3%	20.0%

因此，植被层平均流速预测公式可表示为

$$U_v = \sqrt{\frac{2gi\left[(1-\lambda)+\dfrac{h_s}{h_v}\right]}{C_{d(Cheng)}a}} \tag{2.57}$$

式（2.44）中所含的表层水流与植被层水流之间的表观切应力与界面水流的紊动强度有关：

$$\tau_k = \tau_{xz} = -\rho\overline{u'w'} \tag{2.58}$$

式中：u'、w' 分别为纵向与垂向流速的脉动值。u' 与表层水流的平均流速 U_s 成正比，而 w' 与某一主导涡漩的速度有关，设该涡漩的特征大小为 r'，特征速度为 $u_{r'}$（Huthoff et al.，2007；Gioia and Bombardelli，2002），则

$$\tau_k \sim \rho U_s u_{r'} \tag{2.59}$$

若 r' 远大于柯尔莫哥洛夫紊流尺度（$r' \gg \eta$，η 为柯尔莫哥洛夫紊流尺度），则紊动

能的单位体积耗散率可表示为

$$\varepsilon \sim \frac{u_{r'}^3}{r'} \tag{2.60}$$

根据柯尔莫哥洛夫紊流理论，紊动能的单位体积耗散率等于紊动能的单位体积产生率，此产生率与系统最大尺度涡漩的流速的二次方成正比，与该涡漩的翻转时间成反比：

$$\frac{u_{r'}^3}{r'} \sim \varepsilon \sim \frac{U_s^2}{l_1/U_s} + \frac{U_s^2}{l_2/U_s} = \left(\frac{l_1+l_2}{l_1 l_2}\right)U_s^3 = \frac{U_s^3}{R_{sys}} \tag{2.61}$$

式中：l_1 与 l_2 分别为系统在垂向与横向的最大涡漩的长度尺度；$R_{sys} = l_1 l_2 / (l_1 + l_2)$，为系统综合长度尺度。

因此，

$$\frac{u_{r'}}{U_s} \sim \left(\frac{r'}{R_{sys}}\right)^{1/3} \tag{2.62}$$

由式（2.44）、式（2.59）与式（2.62）可得

$$g h_s i \sim \left(\frac{r'}{R_{sys}}\right)^{1/3} U_s^2 \tag{2.63}$$

式（2.63）有着与达西-韦斯巴赫公式相似的形式，在普通明渠水流中，达西-韦斯巴赫公式可表示为

$$g H i = \frac{1}{8} f_b U^2 \tag{2.64}$$

式中：f_b 为达西-韦斯巴赫系数，且

$$f_b \sim \left(\frac{k_s}{R_c}\right)^{1/3} \tag{2.65}$$

其中：k_s 为河床当量粗糙度；R_c 为普通明渠的水力半径。

参照达西-韦斯巴赫公式，可利用表层水流阻力系数 f_s，使式（2.63）变成等式：

$$g h_s i = \frac{1}{8} f_s U_s^2 \tag{2.66}$$

其中，

$$f_s \sim \left(\frac{r'}{R_{sys}}\right)^{1/3} \tag{2.67}$$

Cheng（2012）也曾提出表层水流的阻力系数，然而却没有给出令人信服的推导过程，只是将表层水流与普通明渠水流类比。在本节中，式（2.66）由柯尔莫哥洛夫紊流理论推导而来，具有较为明确的物理意义。

从式（2.66）可以看出，只要能得出预测 f_s 的方法，就可以得出 U_s，之后便可结合式（2.57），加权平均后得到全断面平均流速 U_{bulk}。最直接的办法应当是找到两个特征尺度 r' 与 R_{sys}。然而考虑到淹没植被水流内的涡漩结构十分复杂，尤其是在混合层附近，主导涡漩的大小难以确定，因此，直接通过分析试验数据，得出 r' 与 R_{sys} 的相对关系，

或许是一个可行的办法。Li 等（2015）收集的 315 组实测数据将用于这一目的的实现。在这些数据中，淹没度 H/h_v 的范围为 1.09~7.5，雷诺数 $Re_d(U_{bulk}D\upsilon^{-1})$ 与 $Re_H(U_{bulk}H\upsilon^{-1})$ 的范围分别为 61~9 873 与 4 138~2 974 200。这些试验并没有测量 U_v 与 U_s，而是仅仅提供了全断面流量的测量数据，记为 Q_m。因此，需要从全断面流量中减去植被层流量以求得表层水流流速：

$$U_{sm} = \frac{Q_m - U_v(1-\lambda)h_v B}{Bh_s} \tag{2.68}$$

需要注意的是，U_{sm} 并非真正的表层平均流速，而是通过实测的流量数据减去预估的植被层流量后得到的流速值，但考虑到已有的试验并没有针对表层的流速进行单独测量，故采用这一近似的流速值代替实测的表层流速来求观测的表层水流的类达西-韦斯巴赫系数，即 f_s 的测量值：

$$f_{sm} = \frac{8gh_s i}{U_{sm}^2} \tag{2.69}$$

从上述计算过程中可以发现，在这 315 组数据中，有 27 组数据出现了 $U_{sm} < U_v$ 的情况，这与实际情况明显不符，可能的原因包括：①利用式（2.3）计算拖曳力系数时，所得结果偏小，导致植被层流速的计算结果偏大；②在试验测量中，能量坡度的测量有较大的误差。因此，在接下来的分析中，只选用剩余的合理的 288 组数据，每一组数据包括下述无量纲参数：f_{sm}、Re_d、Re_H、i、λ、H/h_v、ah_v，其他无量纲参数都可以由这些参数求得。考虑到明渠水流内的紊动基本已经发展充分，故可以假定 f_s 与雷诺数无关，因此

$$f_s = G(i, \lambda, H/h_v, ah_v) \tag{2.70}$$

在式（2.70）的基础上，将通过遗传算法软件 Eureqa 分析试验数据，以得出经验函数 $G(\cdot)$。在此之前，需要将这些数据分为训练组（40%，共 115 组）、验证组（40%，共 115 组）和测试组（20%，共 58 组）。每一组数据可以表示为一个数组，即

$$A_1 = (x_{11}, x_{12}, x_{13}, x_{14}, x_{15}) \tag{2.71}$$

$$\cdots\cdots$$

$$A_j = (x_{j1}, x_{j2}, x_{j3}, x_{j4}, x_{j5}) \tag{2.72}$$

$$\cdots\cdots$$

$$A_n = (x_{n1}, x_{n2}, x_{n3}, x_{n4}, x_{n5}), \quad n = 288 \tag{2.73}$$

其中，x_{j1} 表示 f_{sm}，x_{j2} 表示 i，x_{j3} 表示 λ，x_{j4} 表示 H/h_v，x_{j5} 表示 ah_v。将这些数据归一化，即

$$y_{jk} = (x_{jk} - \min_{1 \leqslant j \leqslant n} x_{jk}) / (\max_{1 \leqslant j \leqslant n} x_{jk} - \min_{1 \leqslant j \leqslant n} x_{jk}) \tag{2.74}$$

归一化后，各个参数将拥有相同的取值范围（0，1），并由此得到数组：

$$M_1 = (y_{11}, y_{12}, y_{13}, y_{14}, y_{15}) \tag{2.75}$$

$$......$$

$$M_j = (y_{j1}, y_{j2}, y_{j3}, y_{j4}, y_{j5}) \tag{2.76}$$

$$......$$

$$M_n = (y_{n1}, y_{n2}, y_{n3}, y_{n4}, y_{n5}), \quad n = 288 \tag{2.77}$$

为了选取具有代表性的训练组与测试组数据来训练遗传算法程序，采用最大差异算法（maximum dissimilarity algorithm，MDA），首先将 y_{j1} 取最大值的那一组数据作为第一组数据，即

$$y_{c1} = \max_{1 \leqslant j \leqslant n} y_{j1} \tag{2.78}$$

$$M_c = (y_{c1}, y_{c2}, y_{c3}, y_{c4}, y_{c5}) \tag{2.79}$$

随后，计算其他各组数据与 M_c 的差异：

$$D_j = (y_{j1} - y_{c1})^2 + (y_{j2} - y_{c2})^2 + (y_{j3} - y_{c3})^2 + (y_{j4} - y_{c4})^2 + (y_{j5} - y_{c5})^2 \tag{2.80}$$

将 D_j 达到最大值的数据作为第二组数据，并接着计算剩余数据与第二组数据的差异，取出差异最大的那一组作为第三组数据，以此类推，直到选出 115 组数据作为训练组，随后将剩余的 173 组重新进行一次最大差异挑选，挑选出另外 115 组数据作为验证组，剩下的 58 组数据则作为测试组。最后，将这些数据全部进行归一化还原：

$$x_{jk} = (\max_{1 \leqslant j \leqslant n} x_{jk} - \min_{1 \leqslant j \leqslant n} x_{jk}) y_{jk} + \min_{1 \leqslant j \leqslant n} x_{jk} \tag{2.81}$$

将还原后的训练组、验证组数据分别输入遗传算法软件 Eureqa，以平均绝对误差（MAE）为优化标准进行计算。在经过 18 h 的搜索后，Eureqa 共评估了 2×10^7 代 7.2×10^{12} 个可能的公式，并输出了其中的 14 个，形成备选公式库。Eureqa 为每一个运算符（加、减、乘、除、平方、开方等）定义了一个相应的复杂指标，公式最终的复杂度为其包含的所有运算符的复杂指标之和。在输出的 14 个公式中，公式的平均绝对误差随着复杂度的增加而降低，如图 2.19 所示。这 14 个公式的平均绝对误差（MAE）与均方误差（MSE），见式（2.82）、式（2.83），其中，$f_{sp,j}$ 与 $f_{sm,j}$ 分别为 $f_{s,j}$ 的计算值与测量值（表 2.3）。

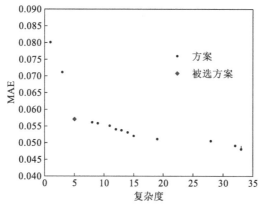

图 2.19　输出公式的复杂度与平均绝对误差的关系图

$$MAE = \frac{1}{n}\sum_{j=1}^{n}\left|f_{\mathrm{sp},j} - f_{\mathrm{sm},j}\right| \tag{2.82}$$

$$MSE = \frac{1}{n}\sum_{j=1}^{n}\sqrt{\left|f_{\mathrm{sp},j} - f_{\mathrm{sm},j}\right|} \tag{2.83}$$

表 2.3　遗传算法软件给出的备选公式库及各备选公式对应的复杂度与误差

复杂度	公式	MSE	MAE	复杂度	公式	MSE	MAE
1	$f_{\mathrm{sp}} = 0.168$	0.013	0.080	3	$f_{\mathrm{sp}} = 0.152+\lambda$	0.010	0.071
5	$f_{\mathrm{sp}} = 0.102+3.73\lambda$	0.007	0.057	8	$f_{\mathrm{sp}} = 0.101+\lambda/(0.028+\lambda)$	0.007	0.056
9	$f_{\mathrm{sp}} = 0.105 + 4.42\lambda - \lambda ah_{\mathrm{v}}$	0.006	0.056	11	$f_{\mathrm{sp}} = 0.084\,4 + 6.36\lambda - 37.9\lambda^2$	0.006	0.055
12	$f_{\mathrm{sp}} = 0.225 + \dfrac{5.98\lambda - 0.167}{1.04 + ah_{\mathrm{v}}}$	0.006	0.054	13	$f_{\mathrm{sp}} = 0.091\,2 + 5.33\lambda - 16.3ah_{\mathrm{v}}\lambda^2$	0.006	0.054
14	$f_{\mathrm{sp}} = 0.21 + \dfrac{6.98\lambda - 0.157}{\exp(ah_{\mathrm{v}})}$	0.006	0.053	15	$f_{\mathrm{sp}} = 0.070\,3 + 6.07\lambda + 0.054\,2ah_{\mathrm{v}} - 2.72\lambda ah_{\mathrm{v}}$	0.006	0.052
19	$f_{\mathrm{sp}} = 0.050\,1 + 7.68\lambda + 0.203ah_{\mathrm{v}} - 1.61ah_{\mathrm{v}}\sqrt{y}$	0.005	0.051	28	$f_{\mathrm{sp}} = 0.069\,7 + 4.72\lambda - \dfrac{5.51\times10^{-6}}{(0.087\,5^{H/h_{\mathrm{v}}} - 0.002\,4)} + 0.062ah_{\mathrm{v}} - \lambda a^2h_{\mathrm{v}}^2$	0.005	0.051
32	$f_{\mathrm{sp}} = 0.078\,8 + 6.25\lambda - \lambda H/h_{\mathrm{v}} - \lambda a^2 h_{\mathrm{v}}^2 - \dfrac{7.75\times10^{-6}}{0.087\,3^{H/h_{\mathrm{v}}} - 0.002\,41} + 0.062\,6ah_{\mathrm{v}}$	0.004	0.049	33	$f_{\mathrm{sp}} = 0.068\,7 + 4.84\lambda - \dfrac{3.76\times10^{-7}}{i} - H\lambda a - \dfrac{8.44\times10^{-6}}{0.087\,2^{H/h_{\mathrm{v}}} - 0.002\,41} + 0.058\,8ah_{\mathrm{v}}$	0.004	0.048

在这 14 个公式中，需要选取最优的公式作为最终的经验公式。从图 2.19 可以看出，当复杂度较低时，公式的平均绝对误差随着复杂度的增加迅速降低，而在公式的复杂度超过 5 以后，复杂度的增加不再能大幅度地提升公式的准确度、减小平均绝对误差。因此，选取复杂度为 5 的公式作为最终的输出公式：

$$f_{\mathrm{sp}} = 0.102+3.73\lambda \tag{2.84}$$

为了检验式（2.84）的正确性及适用性，采用差异比例（discrepancy ratio，DR）函数来分别评估式（2.84）在训练组、验证组、测试组数据中的表现。DR 取值在（-0.3，0.3）的百分比常常被用来评价公式的准确度（Huai et al.，2018；Aghababaei et al.，2017；Zeng and Huai，2014）：

$$DR_j = \ln\left(\frac{f_{\mathrm{sm},j}}{f_{\mathrm{sp},j}}\right) \tag{2.85}$$

由表 2.4 可知,式(2.84)对不同组数据均具有较好的预测结果。另外,Tinoco 等(2015)在测试遗传算法软件 Eureqa 的稳定性时,曾改变训练组、验证组、测试组的数据比例,发现即使改变数据比例,所得的最终公式仅仅在参数的取值上有变化,公式形式具有高度的稳定性。在此,将训练组、验证组、测试组比例调整为 30%、30%、40% 进行试验,得到式(2.86),与式(2.84)具有相同的形式,验证了遗传算法软件 Eureqa 的稳定性。

$$f_{sp} = 0.109 + 4.01\lambda \tag{2.86}$$

表 2.4　式(2.84)对不同数据组的预测精度

数据分组	MAE	MSE	DR≤-0.3/%	DR≥0.3/%	-0.3<DR<0.3/%
训练组	0.084	0.014 5	9.6	5.2	85.2
验证组	0.057	0.006 9	9.6	1.7	88.7
测试组	0.048	0.004 0	8.6	0.0	91.4

此后,用式(2.84)计算 f_{sp},并代入式(2.66)可得表层平均流速的预测公式:

$$U_s = \sqrt{\frac{8gh_si}{0.102 + 3.73\lambda}} \tag{2.87}$$

此后根据表层及植被层流速的加权叠加可得

$$U_{bulk} = \frac{U_v(1-\lambda)h_v + U_sh_s}{(1-\lambda)h_v + h_s} \tag{2.88}$$

即

$$U_{bulk} = \left\{ \sqrt{\frac{2(1-\lambda)^2 \frac{h_v}{H}gHi}{C_{d(Cheng)}a[(1-\lambda)h_v + h_s]}} + \sqrt{\frac{8h_s^2 \frac{h_s}{H}gHi}{(0.102 + 3.73\lambda)[(1-\lambda)h_v + h_s]^2}} \right\} \tag{2.89}$$

至此,基于传统的双层模型,并利用遗传算法得到了断面平均流速的预测公式。结合式(2.67)、式(2.84)可得

$$\left(\frac{r'}{R_{sys}}\right) \sim (0.102 + 3.73\lambda)^3 \tag{2.90}$$

式(2.90)提供了估算特征尺度之间关系的方法。虽然式(2.90)并没有揭示出系统最大尺度与主导紊动切应力的特征尺度的具体取值,但却提供了计算这两者之间尺度相对大小关系的可行方法。在普通的明渠水槽中(无植被),r' 可以取为床底的绝对粗糙度,而 R_{sys} 则通常取为水力半径(Gioia and Bombardelli,2002),r'/R_{sys} 即相对粗糙度。由式(2.90)可以看出,在植被水流中,植被层对上层水流施加了紊动切应力,此切应力对应的相对粗糙度仅仅与植被密度有关。

前述一维双层模型基于淹没植被水流的几何形态,以植被顶端为界,将水流分为植被层水流与表层水流。然而,这样的分区方法并不能完美地诠释水流内部结构的变化,在植被顶端以下(入侵深度 δ_e 内,图 2.20)(Nepf,2012),水流的紊动依然十分强烈,将这部分水流归入植被层水流似有不妥。为了解决这一问题,提出了辅助河床的概念(Li et al.，2015），从水流的结构出发，将淹没植被水流分为上层水流与基层水流两部分，下面介绍相关研究成果。

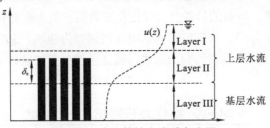

图2.20 淹没植被水流垂向分层

Ghisalberti 和 Nepf（2004）将淹没植被水流分成了三个部分：Layer I 远离混合层，水流结构与明渠水流相似；Layer II 为混合层，紊动强烈，并向下入侵至 δ_e；Layer III 为基流层，下滑力与植被拖曳力平衡。研究表明，水流紊动的最大值位于植被顶端附近（Nepf et al.，2007），并由此处向上、向下衰减，δ_e 则定义为紊动切应力衰减至最大值 10%的位置与植被顶部的垂直距离，称为入侵深度。对于 δ_e 的计算则要根据淹没度 H/h_v 的不同而采用不同的计算方式。

当 $H/h_v \geq 2$ 时，自由表面不受剪切层涡体的影响，此时，混合层内的水流紊动同时向上、向下扩散，为了衡量水流紊动向下扩散的范围，Nepf 等（2007）提出了植被-剪切层参数（CSL）：

$$CSL = \frac{uC_d a}{\partial u/\partial z} \tag{2.91}$$

均衡状态下，CSL 的取值表示为 CSL_{eq}，此时，紊动尺度 $u/(\partial u/\partial z)$ 取当 $z=h_v$ 时的取值，这一取值可作为衡量紊动向下扩散的特征长度 L_{h_v}，即

$$L_{h_v} = \frac{u}{\partial u/\partial z}\bigg|_{z=h_v} \tag{2.92}$$

$$CSL_{eq} = C_d a L_{h_v} \tag{2.93}$$

而 δ_e 正比于 L_{h_v}，即

$$\delta_e \sim L_{h_v} \tag{2.94}$$

所以

$$\delta_e \sim \frac{CSL_{eq}}{C_d a} \tag{2.95}$$

此处，Nepf 等（2007）建议拖曳力系数 C_d 可近似取常数 1.0。

根据 Nepf 和 Vivoni（2000）的试验成果，式（2.95）仅在 $(C_d ah_v)^{-1} < 4$ 时成立，否则，δ_e/h_v 为 0.85~1 内的某一常数。同时，当 $H/h_v \geq 2$ 时，L_{h_v} 正比于 h_v。因此，Nepf 和 Vivoni（2000）提出：

$$\frac{\delta_e}{h_v} = \begin{cases} \dfrac{0.21 \pm 0.03}{C_d ah_v}, & C_d ah_v \geq 0.25 \\ 0.85 \sim 1, & 0.1 < C_d ah_v < 0.25 \end{cases} \tag{2.96}$$

当 $H/h_v < 2$ 时，L_{h_v} 不再正比于 h_v（图 2.21）。

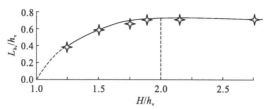

图 2.21　L_{h_v}/h_v 与淹没度的关系（Nepf and Vivoni，2000）

方便起见，用线性关系近似替代图 2.21 中 $H/h_v \leqslant 2$ 时的曲线关系，并提出利用修正系数 ξ' 来修正式（2.96）：

$$\frac{\delta_e}{h_v} = \xi' \times \begin{cases} \dfrac{0.21 \pm 0.03}{C_d a h_v}, & C_d a h_v \geqslant 0.25 \\ 0.85 \sim 1, & 0.1 < C_d a h_v < 0.25 \end{cases} \tag{2.97}$$

$$\xi' = \begin{cases} 1.0, & H/h_v > 2 \\ H/h_v - 1, & H/h_v \leqslant 2 \end{cases} \tag{2.98}$$

由图 2.20 及相关文献可知，在入侵深度以下（即 Layer III），纵向流速的垂向分布近乎均匀，而紊动切应力则降低至最大值的 10% 以下，对于此层水流，重力分力与植被拖曳力平衡，紊动切应力可忽略不计：

$$gi(1-\lambda) = \frac{1}{2} C_{d(\text{Cheng})} a U_{bv}^2 + \frac{1}{8} \rho f_b U_{bv}^2 \tag{2.99}$$

忽略河床底层的阻力后：

$$U_{bvp} \approx \sqrt{g h_* i} \tag{2.100}$$

$$h_* = 2(1-\lambda)/C_{d(\text{Cheng})} a \tag{2.101}$$

式中：U_{bv} 为 Layer III 的平均流速；U_{bvp} 为 U_{bv} 的预测值。Layer III 内的水流已处于紊动涡漩的影响范围以外，该层水流与非淹没植被水流结构类似，故选用式（2.3）来计算拖曳力系数。将 Layer II 与 Layer I 合并分析，可将之看作一个辅助河床上的水流，如图 2.22 所示，辅助河床将水流分为基层水流与悬浮层水流。

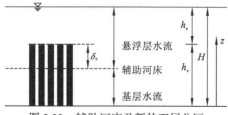

图 2.22　辅助河床及新的双层分区

对于悬浮层水流，假设达西-韦斯巴赫系数公式依然适用，故悬浮层达西-韦斯巴赫系数可表示为

$$f_u = \frac{8g(h_s + \delta_e)i}{U_u^2} \tag{2.102}$$

式中：f_u 为悬浮层达西-韦斯巴赫系数；U_u 为悬浮层水流的平均流速。在明渠水流中，达西-韦斯巴赫系数与相对粗糙度的三分之一次方成正比，见式（2.67）。与之相似，假设

$$f_u \sim \left(\frac{\lambda\delta_e}{h_s + \delta_e}\right)^{\eta} \tag{2.103}$$

此假设的依据为，对于悬浮层水流，植被可视为辅助河床的凸起，不同的是，这种凸起并非广泛分布，其分布范围为辅助河床面积的 λ 倍，凸起高度则为入侵深度 δ_e，故采用两者的乘积作为辅助河床的绝对粗糙度，因而可得相对粗糙度 $\lambda\delta_e/(h_s + \delta_e)$。先计算悬浮层达西-韦斯巴赫系数的测量值 f_{um}：

$$Q_{um} = Q_m - U_{bvp}(h_v - \delta_e)(1 - \lambda)B \tag{2.104}$$

$$U_{um} = \frac{Q_{um}}{(1 - \lambda)\delta_e B + h_s B} \tag{2.105}$$

$$f_{um} = \frac{8g(h_s + \delta_e)i}{U_{um}^2} \tag{2.106}$$

随后将 f_{um} 的数据与 $\lambda\delta_e/(h_s + \delta_e)$ 画到对数坐标系中，见图 2.23，可得

$$f_{up} = 2.08\left(\frac{\lambda\delta_e}{h_s + \delta_e}\right)^{1/3} \tag{2.107}$$

式中：f_{up} 为 f_u 的预测值。对于 $H/h_v \geqslant 2$ 的情况，式（2.107）具有良好的精度（相对误差为 27%，相关系数为 0.7），而对于 $H/h_v < 2$ 的情况，如图 2.23 所示，出现了一些误差很大的数据点，这可能由式（2.97）的误差所致，此处还需进一步研究。但总体而言，式（2.107）具有良好的精度。

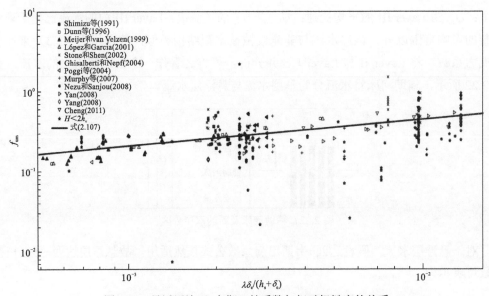

图 2.23 悬浮层达西-韦斯巴赫系数与相对粗糙度的关系

将式（2.107）代入式（2.102）即可得

$$U_{\text{up}} = \sqrt{8gi(h_{\text{s}} + \delta_{\text{e}}) / 2.08 \left(\frac{\lambda \delta_{\text{e}}}{h_{\text{s}} + \delta_{\text{e}}} \right)^{1/3}} = 1.96 \left(\frac{h_{\text{s}} + \delta_{\text{e}}}{\lambda \delta_{\text{e}}} \right)^{1/6} \sqrt{gi(h_{\text{s}} + \delta_{\text{e}})} \qquad (2.108)$$

式中：U_{up} 为 U_{u} 的预测值，根据流速的加权平均可得

$$U_{\text{bulk}} = \frac{U_{\text{up}} \delta_{\text{e}}(1 - \lambda) + U_{\text{up}} h_{\text{s}} + U_{\text{bvp}}(1 - \lambda)(h_{\text{v}} - \delta_{\text{e}})}{h_{\text{s}} + (1 - \lambda)h_{\text{v}}} \qquad (2.109)$$

即

$$U_{\text{bulk}} = \left[\frac{1.96(h_{\text{s}} + \delta_{\text{e}})^{5/3}}{(\lambda \delta_{\text{e}})^{1/6} H^{3/2}} + (1 - \lambda) \frac{(h_{\text{v}} - \delta_{\text{e}}) h_*^{1/2}}{H^{3/2}} \right] \sqrt{gHi} \qquad (2.110)$$

本章提出的淹没植被水流双层模型与改进的双层模型，基于两种思路给出了全断面均匀覆盖淹没刚性植被工况下断面平均流速的预测方法。前者从淹没植被水流的直观形态出发，以植被顶部为界，将水流在垂向上分为两个部分（表层水流与植被层水流），并根据柯尔莫哥洛夫紊流理论，利用遗传算法寻找系统涡漩与主导两层水流间表观切应力的特征涡漩之间的尺度关系，从而给出与达西-韦斯巴赫公式相似的阻力公式，以预测表层水流的平均流速。对于植被层水流，则通过力的平衡方程给出计算平均流速的方法。后者则从水流的结构特征出发，以上层水流向下入侵的极限位置（入侵深度）为界，将水流分为悬浮层水流与基层水流，并假设对于悬浮层水流达西-韦斯巴赫公式依然成立，达西-韦斯巴赫系数和与植被相关的相对粗糙度存在指数函数关系，从而得到计算上层水流平均流速的方法。对于基层水流，则忽略紊动切应力的影响，假设拖曳力与重力分力相等来计算平均流速。这两个模型在物理含义上有着各自的优势，与实测数据相比的平均相对误差（MRE）则分别为 11.5% 和 13.3%。

2.2　刚性植被水流的流速分布

除了断面平均流速，在研究河道水流结构时，尤其是在研究河道内污染物的混合输移特性时，有时还需要知道更加确切的流场数据，如在某条垂线上纵向流速的垂向分布规律、纵向流速垂向平均值的横向分布规律、纵向流速在横断面上的二维分布规律等。

2.2.1　挺水植被

1. 植被全覆盖

当植被在河道宽度方向均匀分布时，可认为某一断面内不同 y 位置上的纵向流速的垂向分布是相同的，故可以实现横向平均（实际上，当不考虑河岸的影响时，因各个 y 上的水流结构相同，任何一个 y 上的流速垂向分布即可代表整个河宽上的流场特性）。此时，若需要进一步了解纵向流速的分布规律，只研究某个 y 位置上流速的垂向分布即可。对

于非淹没植被水流，在离开河床底部尾流层以后，其受力状况为植被拖曳力与下滑力平衡，同时在垂向上的流速分布是近乎均匀的。因此，利用式（2.111）即可得出河床底部尾流层以上任意高度上的纵向流速。

$$u(z) \approx \left(\frac{2gi}{C_\mathrm{d}a} \right)^{\frac{1}{2}} \tag{2.111}$$

2. 植被部分覆盖

在天然河道中，由于靠近河流深泓线的地方，水流流速很大，不利于植物生长，植被往往分布在靠近河岸的区域，从而形成部分覆盖植被的河道形态。当河道断面只有部分植被覆盖时，水流结构在不同的 y 位置上是不同的。此时，研究纵向流速的横向分布规律十分重要。简便起见，通常将各个 y 位置上的纵向流速进行垂向平均，再研究其横向的分布规律。

对于部分覆盖非淹没植被的水流，White 和 Nepf（2008）的试验表明，$H/2$ 高度上的流速即可代表垂向平均的流速。同时，通过试验及理论分析，White 和 Nepf（2008）详细研究了植被区与主槽区之间的水流混合规律及相干结构，并由此得出了该工况下垂向平均的纵向流速的横向分布。Perucca 等（2009）则通过求解沿水深积分的纳维-斯托克斯方程，得出了垂向平均的纵向流速的横向分布。

以下将介绍针对该种工况，求解二维浅水差分方程，以获得纵向流速垂向平均值横向分布规律的数值分析方法。在这一模型中，垂向平均的纵向流速将通过摄动法求解。

考虑如图 2.24 所示工况，其为矩形断面水槽，两岸对称分布有非淹没的刚性植被。该水槽左右对称，可以只分析一半宽度的水流。对于该水槽内的恒定均匀流，有如下水深平均动量平衡方程：

$$\frac{\partial H(\bar{G})_\mathrm{d}}{\partial y} = gHi + \frac{\partial}{\partial y}\left(H\varpi \frac{\partial U_\mathrm{d}}{\partial y} \right) - \left(C_f + \frac{C_\mathrm{d}aH}{2} \right)U_\mathrm{d}^2 \tag{2.112}$$

式中：$\bar{G} = \overline{(u+u')(v+v')}$，$u$、$v$ 分别为纵向与横向时均流速，u'、v'分别为对应的脉动流速；ϖ 为横向涡黏系数；U_d 为水深平均流速；$C_f = f_\mathrm{b}/8$。

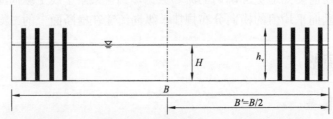

图 2.24　部分覆盖非淹没刚性植被工况（断面示意图）

采用 Shiono 和 Knight（1991）的假设：

$$\frac{\partial H(\bar{G})_\mathrm{d}}{\partial y} = E \frac{\partial U_\mathrm{d}}{\partial y} \tag{2.113}$$

式中：E 为一待定参数。

Shiono 和 Knight（1991）进一步提出：

$$E \sim \bar{K}HU_{\text{bulk}} \tag{2.114}$$

其中，$\bar{K}$ 为二次流数，将 ϖ 无量纲化，得

$$\varpi \sim \varepsilon_\lambda H\sqrt{C_f}U_d \tag{2.115}$$

式中：ε_λ 为无量纲的横向涡黏系数。

假设主槽区内，E 为负数，而植被区内 E 为正数，即两区域内的横向流速都指向交界面，故式（2.112）可以转化为

$$-H\left|\bar{K}\right|U_{\text{bulk}}\frac{\partial U_d}{\partial y} = gHi + \frac{H^2\varepsilon_\lambda\sqrt{C_f}}{2}\frac{\partial^2 U_d^2}{\partial y^2} - C_f U_d^2 \quad （主槽区） \tag{2.116}$$

$$H\left|\bar{K}\right|U_{\text{bulk}}\frac{\partial U_d}{\partial y} = gHi + \frac{H^2\varepsilon_\lambda\sqrt{C_f}}{2}\frac{\partial^2 U_d^2}{\partial y^2} - C_f U_d^2 \quad （植被区） \tag{2.117}$$

在主槽区内远离植被区的地方，式（2.116）可以进一步简化为

$$C_f U_{d(\infty)}^2 = gHi \tag{2.118}$$

式中：$U_{d(\infty)}$ 为主槽区内远离植被区处的水深平均流速。

进而，可以得到

$$\frac{1}{\iota} + \frac{\mathrm{d}o}{\mathrm{d}\vartheta} + \omega\frac{\mathrm{d}^2 o^2}{\mathrm{d}\vartheta^2} - \frac{1}{\iota}o^2 = 0 \tag{2.119}$$

$$\frac{1}{\iota} - \frac{\mathrm{d}o}{\mathrm{d}\vartheta} + \omega\frac{\mathrm{d}^2 o^2}{\mathrm{d}\vartheta^2} - \frac{1+\aleph}{\iota}o^2 = 0 \tag{2.120}$$

$$\iota = \frac{H\left|\bar{K}\right|U_{\text{bulk}}}{C_f B'U_{d(\infty)}}, \quad \omega = \frac{\mho}{\iota}, \quad \aleph = \frac{C_d aH}{2C_f}, \quad o = \frac{U_{\text{bulk}}}{U_{d(\infty)}}, \quad \vartheta = \frac{y}{B'}\mho = \frac{\varepsilon_\lambda H^2}{2\sqrt{C_f}B'^2}$$

更进一步，变量 o 可以由小的摄动变量表示：

$$o = o_0 + \omega o_1 + \cdots \tag{2.121}$$

式中：o_0、o_1 分别为零阶与一阶的解。将式（2.121）代入式（2.119）得

$$o(\mho^0): \frac{1}{\iota} + \frac{\mathrm{d}o_0}{\mathrm{d}\vartheta} - \frac{1}{\iota}o^2 = 0 \tag{2.122}$$

$$o(\mho^1): \frac{1}{\iota} + \frac{\mathrm{d}(o_0 + \omega o_1)}{\mathrm{d}\vartheta} + \omega\frac{\mathrm{d}^2(o_0 + \omega o_1)^2}{\mathrm{d}\vartheta^2} - \frac{1}{\iota}(o_0 + \omega o_1)^2 = 0 \tag{2.123}$$

求解得

$$o_0 = \left(1 + C_0\mathrm{e}^{-\frac{\vartheta}{\iota}}\right)^{1/2} \tag{2.124}$$

其中，$\vartheta = 0$，$o = 1$，因此，$o_0 = 1$，$o_1 = 0$。

对于主槽区，需要引入另一个参数 M_C，使得 $\vartheta = \omega M_C$，随后式（2.119）可以转化为

$$\frac{\omega}{\iota} + \frac{\mathrm{d}o}{\mathrm{d}M_{\mathrm{C}}} - \frac{\mathrm{d}^2 o^2}{\mathrm{d}M_{\mathrm{C}}^2} - \frac{\omega}{\iota}o^2 = 0 \tag{2.125}$$

将式（2.121）代入式（2.125）可得

$$o(\mho^0): \frac{\mathrm{d}o_0}{\mathrm{d}M_{\mathrm{C}}} - \frac{\mathrm{d}^2 o_0^2}{\mathrm{d}M_{\mathrm{C}}^2} = 0 \tag{2.126}$$

$$o(\mho^1): \frac{\omega}{\iota} + \frac{\mathrm{d}o_0}{\mathrm{d}M_{\mathrm{C}}} + \omega\frac{\mathrm{d}o_1}{\mathrm{d}M_{\mathrm{C}}} + \frac{\mathrm{d}^2(o_0 + \omega o_1)^2}{\mathrm{d}M_{\mathrm{C}}^2} - \frac{\omega}{\iota}(o_0 + \omega o_1)^2 = 0 \tag{2.127}$$

内部解为

$$o_0 = 1 \tag{2.128}$$

$$o_1 = m_1 \mathrm{e}^{-\frac{M_{\mathrm{C}}}{2}} + m_2 \tag{2.129}$$

将内部解与外部解相匹配，得

$$o = 1 + \omega m_1 \mathrm{e}^{-\frac{M_{\mathrm{C}}}{2}} \tag{2.130}$$

对于植被区，也可以用相似的方法得

$$o = \frac{1}{\sqrt{1+\aleph}} + \omega m_3 \mathrm{e}^{-\frac{M_{\mathrm{C}}}{2\sqrt{1+\aleph}}} \tag{2.131}$$

参数 m_1、m_3 可以通过 $M_{\mathrm{C}} = 0$ 时的边界条件求得，再考虑其他边界条件后得

$$o = 1 - \frac{1-J}{1+J}\mathrm{e}^{-\frac{\vartheta}{2\omega}} \quad （主槽区） \tag{2.132}$$

$$o = J + J\frac{1-J}{1+J}\mathrm{e}^{\frac{\vartheta}{2\omega J}} \quad （植被区） \tag{2.133}$$

其中，$J = 1/\sqrt{1+\aleph}$。若忽略二次流，则动量方程可以简化为

$$gHi + \frac{H^2 \varepsilon_\lambda \sqrt{C_f}}{2}\frac{\partial^2 U_{\mathrm{d}}^2}{\partial y^2} - \left(C_f + \frac{C_d a H}{2}\right)U_{\mathrm{d}}^2 = 0 \tag{2.134}$$

其数值解为

$$o = [1 + (J-1)\mathrm{e}^{-n/\sqrt{\sigma}}]^{1/2} \quad （主槽区） \tag{2.135}$$

$$o = [J^2 + J(J-1)\mathrm{e}^{n/(J\sqrt{\sigma})}]^{1/2} \quad （植被区） \tag{2.136}$$

下面将利用 White 和 Nepf（2008）的试验数据来验证本节模型。他们的试验在一个长 13 m、宽 1.2 m 的顺直水槽中进行，水槽的一边布置有圆柱形的非淹没刚性植被，其直径为 6.5 mm，植被区宽度为 40 cm，流速数据用声学多普勒流速仪（acoustic Doppler velocimetry，ADV）测量得到。

Ervine 等（2000）的试验研究表明，二次流系数 $\bar{K}$ 的取值为 2%～4%。在此，选用 $|\bar{K}| = 3\%$。Tang 和 Knight（2008）的研究表明，无量纲的横向涡黏系数 ε_λ 的取值范围为 0.067～0.7，在率定后，选用 $\varepsilon_\lambda = 0.25$ 代入模型中。

利用式（2.135）、式（2.136）计算得到的水深平均流速的横向分布规律与试验数据

的对比见图 2.25。图 2.25 表明,考虑二次流后,本模型的精度更高,可以较为准确地预测流速的分布规律。

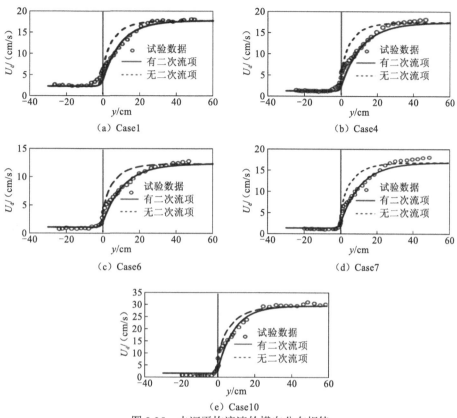

图 2.25 水深平均流速的横向分布规律

雷诺应力可以表示为

$$\tau = -\varpi \frac{\partial U_\mathrm{d}}{\partial y} \tag{2.137}$$

利用式(2.135)、式(2.136)得到的流速分布,可进一步计算得到雷诺应力的分布,图 2.26 展示了三种工况下雷诺应力的计算结果与试验数据的对比,吻合良好。

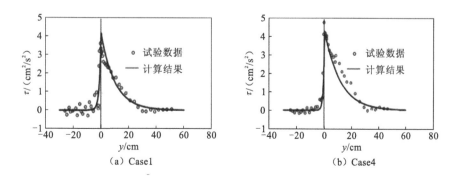

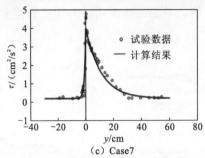

图 2.26　雷诺应力的横向分布规律

2.2.2　沉水植被

1. 植被全覆盖

在洪水期，随着水深的增大、水面的抬高，河流中生长的植被将被水流淹没，形成淹没的植被水流形态。对于全断面均匀覆盖刚性植被的河槽，植被高度以下受植被拖曳力的影响，流速缓慢，植被以上部分流速较大，形成上快下慢的垂向分布趋势。水流纵向流速的垂向分布规律影响着河床的冲刷淤积及河道内物质的输移规律。下面，将介绍一种预测该工况下纵向流速垂向分布规律的三层模型。

模型建立前，在武汉大学水资源与水电工程科学国家重点实验室内进行了预先的试验研究，为模型的建立提供了数据基础（相关试验参数见表 2.5）。该试验在长 20 m、宽 0.5 m、深 0.44 m 的矩形水槽内进行。水槽的底坡可在 0.0001~0.01 调节，利用底坡和尾门的协同调节，可实现试验过程中水流的恒定均匀。水槽内安装有直径为 6 mm、高为 19 cm 的金属圆柱，用来模拟刚性植被，相邻植被的纵向距离 L_x 为 2 cm、横向距离 L_y 为 10 cm，排列均匀。流速及紊流特征量由 ADV 测量得到（图 2.27）。Takemura 和 Tanaka（2007）的试验研究表明，ADV 的布置位置会对测量结果产生影响。为此，在试验时，选取了两种测量位置，一种为植被正下方（点 T_1），另一种为植被之间的位置（点 T_2），每条垂向测线大约测量了 20 个位置。

表 2.5　试验参数

流量/（L/s）	水深/cm	植被直径/cm	植被高度/cm	植被密度/cm⁻²	能量坡度/10⁻³
21.8	29	0.6	19	0.2	3.17
35.8	38	0.6	19	0.2	9.75

雷诺应力随着流量的增大而增大。雷诺应力的垂向分布规律可以用指数函数来表征：

$$-\overline{u'w'} = -\overline{u'w'}\big|_{z=h_v} \exp[\alpha_R(z-h_v)] \tag{2.138}$$

式中：h_v 为植被高度；α_R 为一待定参数。

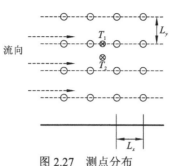

图 2.27　测点分布

对植被以上的上层水流进行受力分析：

$$-\overline{u'w'}\Big|_{z=h_v} = gh_s i \tag{2.139}$$

式中：h_s 为植被以上水流的厚度。

对于植被高度以内的水流，其动量平衡方程为

$$\frac{\partial \tau}{\partial z} + \rho g i - \frac{1}{2}\rho C_{dl} N D u^2(z) = 0 \tag{2.140}$$

式中：τ 为雷诺应力；$N = 1/L_x L_y$；$u(z)$ 为当地时均流速；C_{dl} 为当地拖曳力系数，为 z 的函数。

在达到一定高度后，$\partial \tau / \partial z$ 将减小到可以忽略，据此，将植被高度以内的水流再细分为上植被层与下植被层，上植被层内 $\partial \tau / \partial z$ 可以忽略，下植被层内 $\partial \tau / \partial z$ 不可忽略。两者的分界位置可以通过试算得到，在本节的各个工况下，分界处与河床的距离为 1～5 cm。至此，水流被分为三个部分，由上到下分别为表层水流、上植被层与下植被层。

（1）对于下植被层，利用混合长度理论，假设

$$\tau = \rho l_m^2 \left|\frac{\partial u}{\partial z}\right|\frac{\partial u}{\partial z} \tag{2.141}$$

鉴于河床底部的边界层较薄，这里假设混合长度 l_m 为常数，并取值为 0.18 mm。将式（2.141）代入式（2.140），可得

$$l_m^2 \frac{\partial}{\partial z}\left(\left|\frac{\partial u}{\partial z}\right|\frac{\partial u}{\partial z}\right) + gi - \frac{1}{2}C_{dl} N D u^2(z) = 0 \tag{2.142}$$

式（2.142）可以利用有限差分法进行求解：

$$\frac{\partial u}{\partial z} = \frac{u_{j+1} - u_j}{\Delta z}, \qquad \frac{\partial^2 u}{\partial z^2} = \frac{u_{j+1} - 2u_j + u_{j-1}}{(\Delta z)^2}, \qquad j = 1, 2, \cdots, n \tag{2.143}$$

（2）对于上植被层，忽略黏性切应力，只考虑紊动切应力，并假设其为指数分布：

$$\tau = -\rho\overline{u'w'} = -\overline{u'w'}\Big|_{z=h_v} \exp[\alpha_R(z - h_v)] = \rho gh_s i\exp[\alpha_R(z - h_v)] \tag{2.144}$$

将式（2.144）代入式（2.140）可得

$$u(z) = \sqrt{2gi\{\alpha_R h_s \exp[\alpha_R(z - h_v)] + 1\}/(C_{dl} N D)} \tag{2.145}$$

（3）对于表层水流，忽略黏性切应力，只考虑紊动切应力，其动量守恒方程为

$$gi - \partial \overline{u'w'} / \partial z = 0 \tag{2.146}$$

积分后得

$$-\overline{u'w'} = gi(H - z) \tag{2.147}$$

同时，根据混合长度理论，得

$$-\overline{u'w'} = l_{\mathrm{m}}^2 (\partial u / \partial z)^2 \tag{2.148}$$

其中，混合长度 l_{m} 可以取为（Huai et al.，2009a；Righetti and Armanini，2002）

$$l_{\mathrm{m}} = [l_0 + \kappa(z - h_{\mathrm{v}})]\sqrt{1 - (z - h_{\mathrm{v}}) / h_{\mathrm{s}}} \tag{2.149}$$

式中：l_0 为植被顶部交界面处的混合长度；$\kappa = 0.41$，为卡门常数。

求解式（2.146）~式（2.149），可得

$$u(z) = \sqrt{g h_{\mathrm{s}} i}\left\{\frac{1}{\kappa}\ln[1 + \kappa(z - h_{\mathrm{v}}) / l_0] + C_{\mathrm{m}}\right\} \tag{2.150}$$

$$C_{\mathrm{m}} = \sqrt{2(\alpha h_{\mathrm{s}} + 1) / (C_{\mathrm{dl}} N D h_{\mathrm{s}})} \tag{2.151}$$

因此，

$$\frac{u(z)}{\sqrt{g h_{\mathrm{s}} i}} = \frac{1}{\kappa}\ln[1 + \kappa(z - h_{\mathrm{v}}) / l_0] + \sqrt{2(\alpha h_{\mathrm{s}} + 1) / (C_{\mathrm{dl}} N D h_{\mathrm{s}})} \tag{2.152}$$

对于 C_{dl}，不同的学者给出了不同的关系，在此，简便起见，假设 C_{dl} 可以近似取为常数 1.0。参数 α_R 可以通过最小二乘法率定得到：

$$\begin{cases} \alpha_{1T_2} = 20.3, \quad \alpha_{1T_1} = 21.7 \quad (\text{工况}1) \\ \alpha_{2T_2} = 20.7, \quad \alpha_{2T_1} = 20.2 \quad (\text{工况}2) \end{cases} \tag{2.153}$$

率定结果表明，α_R 的取值范围很小，故近似将 $\alpha_R = 20.7$ 代入模型当中。l_0 参考 Righetti 和 Armanini（2002）的半经验公式求得，即

$$\begin{cases} l_0 / h_{\mathrm{v}} = 0.12 \quad (\text{工况}1) \\ l_0 / h_{\mathrm{v}} = 0.25 \quad (\text{工况}2) \end{cases} \tag{2.154}$$

将上述参数的取值代入式（2.152），即可得到纵向流速的垂向分布规律，结果见图 2.28 与图 2.29。可见，本节构建的三层模型可以较为准确地预测纵向流速的垂向分布规律。在靠近水面的区域，模型计算结果略大于试验测量结果，这可能是因为水面波纹有扰动，或者是因为在测量近水面流速时较为困难，往往具有较大的误差。

为了进一步验证模型预测的准确性，下面将模型应用于 Shimizu 和 Tsujimoto（1994）的试验工况（试验相关参数见表 2.6），并选用测点 T_2 的数据系列作为参照，模型与试验结果对比见图 2.30。因为他们的试验中，并没有测量靠近河床的下植被层内的流速，所以图 2.30 只显示了上两层的流速分布。利用最小二乘法，对于 R31 与 R32，参数 α_R 率定为 0.095，对于 A71 与 A31，参数 α_R 率定为 0.065。结果表明，本节提出的模型在这四组工况下也具有较高的精度，进一步验证了模型的适用性。

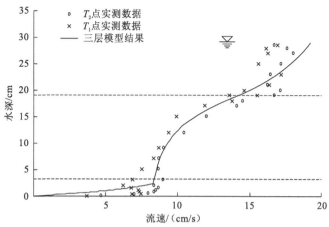

图 2.28　纵向流速的垂向分布（工况 1）（Huai et al.，2009a）

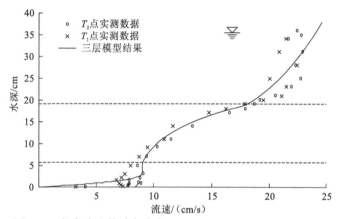

图 2.29　纵向流速的垂向分布（工况 2）（Huai et al.，2009a）

表 2.6　Shimizu 和 Tsujimoto（1994）的试验参数

数据系列	水深/cm	植被直径/cm	植被高度/cm	植被密度/cm^{-2}	能量坡度/10^{-3}
R31	6.31	0.10	4.1	1.00	1.64
R32	7.47	0.10	4.1	1.00	2.13
A31	9.36	0.15	4.6	0.25	2.60
A71	8.95	0.15	4.6	0.25	8.86

　　覆盖淹没植被的河道是天然河流中常见的河道形态，了解该工况下纵向流速的垂向分布规律是进一步研究河流中污染物扩散、泥沙输运、河床演变规律的基础。相对于实地测量或数值模拟，本节提出的分析模型具有较高的精度且使用方便。在模型应用过程中，只需要率定 α_R 这一个参数。在 α_R 的率定过程中发现，α_R 的取值与植被高度及密度有关，对于它们之间更准确的函数关系，还需进一步研究确定。

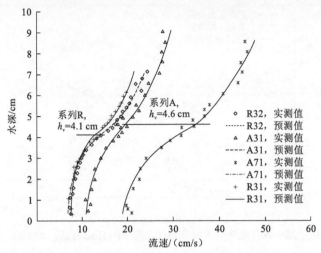

图 2.30　纵向流速的垂直分布（Shimizu and Tsujimoto，1994）

2. 植被部分覆盖

1）水深平均流速的横向分布

在洪水期，河床水位抬升，高于两岸河漫滩上生长的植被高度，出现部分覆盖淹没刚性植被的情况。对于淹没植被水流，White 和 Nepf（2008）、Perucca 等（2009）得出的用于预测纵向流速垂向平均值横向分布的模型都将不再适用。Liu 等（2013）采用了 Huthoff 等（2007）的研究成果，改进了 Perucca 等（2009）的方法，将之拓展于淹没植被水流。该方法从恒定均匀流的纳维-斯托克斯方程出发，考虑到植被引起的拖曳力及减少的过水断面面积后，控制方程为

$$gHi - \frac{1}{8}f_b U_d^2 + \frac{\partial}{\partial y}\left[\varepsilon_\lambda H^2 \left(\frac{f_b}{8}\right)^{\frac{1}{2}} U_d \frac{\partial U_d}{\partial y}\right] - F_v = H\frac{\partial(uv)_d}{\partial y} \qquad (2.155)$$

式（2.155）左边第一项为重力项，第二项为河床阻力，第三项为流场的横向不均引起的切应力，第四项 F_v 为植被拖曳力，右边项为二次流项。

Liu 等（2013）改进了 Ervine 等（2000）的假设：

$$u + u' = k_1(z)U_d \qquad (2.156)$$

$$v + v' = k_2(z)U_d \qquad (2.157)$$

$$(uv)_d = \frac{U_d^2}{H}\int_0^H k_1(z)k_2(z)\mathrm{d}z = \overline{K}U_d^2 \qquad (2.158)$$

式中：$\overline{K}$ 为二次流系数。

因此，式（2.155）可以被改写为

$$gHi - \frac{1}{8}f_b U_d^2 + \frac{\partial}{\partial y}\left[\varepsilon_\lambda H^2 \left(\frac{f_b}{8}\right)^{\frac{1}{2}} U_d \frac{\partial U_d}{\partial y}\right] - F_v = H\frac{\partial(\overline{K}U_d^2)}{\partial y} \qquad (2.159)$$

在本节内容中，将对 Liu 等（2013）的模型进行进一步完善，下面对该部分内容进行

简单介绍。

对于如图 2.31 所示的研究工况，河道断面由两部分组成：宽度为 b_m 的主槽区和宽度为 $B-b_m$ 的植被区。可将整个河段在河宽方向分为四个区域：主槽稳定区、主槽混合区、植被混合区、植被稳定区，如图 2.31 所示。植被混合区宽度取为入侵宽度 δ_I，详见 White 和 Nepf（2008）：

$$\delta_I \approx \max\{0.5(C_d ND)^{-1}, 1.8D\} \tag{2.160}$$

其中，C_d 近似取为 1.0。

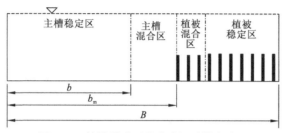

图 2.31　植被影响下的水流运动横向分区

下面介绍各个分区内的控制方程。

对于主槽稳定区：

$$gHi - \frac{1}{8}f_b U_d^2 + \frac{\partial}{\partial y}\left[\varepsilon_\lambda H^2 \left(\frac{f_b}{8}\right)^{\frac{1}{2}} U_d \frac{\partial U_d}{\partial y}\right] = \frac{\partial}{\partial y}(H\overline{K_1}U_d^2) \tag{2.161}$$

求解得

$$U_d = (A_1 e^{\theta_1 y} + D_1 e^{\gamma_1 y} + \omega_1)^{1/2} \tag{2.162}$$

$$\begin{cases}\theta_1 \\ \gamma_1\end{cases} = \frac{1}{H\varepsilon_\lambda}\left(\frac{8}{f_b}\right)^{1/2}\left[\overline{K_1} \pm \sqrt{\overline{K_1}^2 + \varepsilon_\lambda\left(\frac{f_b}{8}\right)^{1/2}\left(\frac{f_b}{4}\right)}\right], \quad \omega_1 = \frac{8gHi}{f_b} \tag{2.163}$$

对于主槽混合区：

$$gHi - \frac{1}{8}f_b U_d^2 + \frac{\partial}{\partial y}\left[\varepsilon_\lambda H^2 \left(\frac{f_b}{8}\right)^{\frac{1}{2}} U_d \frac{\partial U_d}{\partial y}\right] = \frac{\partial}{\partial y}(H\overline{K_2}U_d^2) \tag{2.164}$$

求解得

$$U_d = (A_2 e^{\theta_2 y} + D_2 e^{\gamma_2 y} + \omega_2)^{1/2} \tag{2.165}$$

$$\begin{cases}\theta_2 \\ \gamma_2\end{cases} = \frac{1}{H\varepsilon_\lambda}\left(\frac{8}{f_b}\right)^{1/2}\left[\overline{K_2} \pm \sqrt{\overline{K_2}^2 + \varepsilon_\lambda\left(\frac{f_b}{8}\right)^{1/2}\left(\frac{f_b}{4}\right)}\right], \quad \omega_2 = \frac{8gHi}{f_b} \tag{2.166}$$

对于植被混合区：

$$gHi - \frac{1}{8}f_b U_d^2 + \frac{\partial}{\partial y}\left[\varepsilon_\lambda H^2 \left(\frac{f_b}{8}\right)^{\frac{1}{2}} U_d \frac{\partial U_d}{\partial y}\right] - \frac{1}{2}C_d a h_v U_v^2 = \frac{\partial}{\partial y}(H\overline{K_3}U_d^2) \tag{2.167}$$

假设该区域内 $U_v / U_d = \varphi$，求解得

$$U_d = (A_3 e^{\theta_3 y} + D_3 e^{\gamma_3 y} + \omega_3)^{1/2} \qquad (2.168)$$

$$\begin{Bmatrix} \theta_3 \\ \gamma_3 \end{Bmatrix} = \frac{1}{H\varepsilon_\lambda}\left(\frac{8}{f_b}\right)^{1/2}\left\{\overline{K_3} \pm \sqrt{\overline{K_3}^2 + \varepsilon_\lambda\left(\frac{f_b}{8}\right)^{1/2}\left[C_d a\varphi^2 h_v + \left(\frac{f_b}{4}\right)\right]}\right\} \qquad (2.169)$$

$$\omega_3 = \frac{8gHi}{f_b + 4C_d a\varphi^2 h_v} \qquad (2.170)$$

对于植被稳定区:

$$gHi - \frac{1}{8}f_b U_d^2 + \frac{\partial}{\partial y}\left[\varepsilon_\lambda H^2\left(\frac{f_b}{8}\right)^{\frac{1}{2}}U_d\frac{\partial U_d}{\partial y}\right] - \frac{1}{2}C_d a h_v U_v^2 = \frac{\partial}{\partial y}(H\overline{K_4}U_d^2) \quad (2.171)$$

假设该区域内 $U_v/U_d = \psi$,求解得

$$U_d = (A_4 e^{\theta_4 y} + D_4 e^{\gamma_4 y} + \omega_4)^{1/2} \qquad (2.172)$$

$$\begin{Bmatrix} \theta_4 \\ \gamma_4 \end{Bmatrix} = \frac{1}{H\varepsilon_\lambda}\left(\frac{8}{f_b}\right)^{1/2}\left\{\overline{K_4} \pm \sqrt{\overline{K_4}^2 + \varepsilon_\lambda\left(\frac{f_b}{8}\right)^{1/2}\left[C_d a\psi^2 h_v\left(\frac{f_b}{4}\right)\right]}\right\} \qquad (2.173)$$

$$\omega_4 = \frac{8gHi}{f_b + 4C_d a\psi^2 h_v} \qquad (2.174)$$

式中:$\overline{K_1}$、$\overline{K_2}$、$\overline{K_3}$、$\overline{K_4}$ 为各分区内的二次流系数。

在求解上述方程时,还需要知道流速比 φ 与 ψ 的取值,这两个取值应当由试验得到(史浩然,2016;史浩然和槐文信,2016)。为了得到这一取值,进行了一系列的试验测量。该试验在武汉大学水资源与水电工程科学国家重点实验室的人工水槽中进行(图 2.32),该水槽长 20 m,其中混凝土进口段长 6 m,玻璃观测段长 8 m,混凝土出口段长 6 m,宽 1 m,其中植被区宽 0.475 m。将玻璃观测段开始的地方作为 x 轴的零点,取 $x = 5$ m 处为观测断面(预先的试验测量表明,在这一断面内,水面横向坡度为零,水流已经充分发展)。植被为直径为 8 mm、长为 25 cm 的圆柱形有机玻璃棒,相邻植被间距为 5 cm,排布均匀。利用 ADV 测量各点的流速,在观测断面,间隔一段横向距离选取一条垂线,共选取了 17 条垂线,每条垂线上测量 20~40 个位置,每个位置持续测量 2 min(6000 个瞬时数据点),在试验时,需在水槽中加入特制的示踪粒子,以提高 ADV 测量时的信噪比,保证数据的可靠性。测得的瞬时流速数据经时间平均及垂向平均后即可得 U_v 与 U_d。

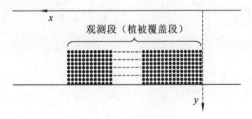

图 2.32 试验水槽

在植被混合区，共有 4 条垂线作为测线，在这一区域内 U_v/U_d 的平均值为 0.746，而在植被稳定区，其平均值为 0.836。将这两个值与已有的模型对比后发现，在植被稳定区可以使用 Cheng（2011）的公式进行计算，即

$$\frac{U_v}{U_d}=\psi=\frac{\sqrt{2r_v/C_{d(Cheng)}}}{\left[\sqrt{\dfrac{\pi(1-\lambda)^3 D}{2C_{d(Cheng)}\lambda h_v}}\left(\dfrac{h_v}{H}\right)^{3/2}+4.54\left(\dfrac{h_s}{D}\dfrac{1-\lambda}{\lambda}\right)^{1/16}\left(\dfrac{h_s}{H}\right)^{3/2}\right]\sqrt{H}} \tag{2.175}$$

而在植被混合区，可用一个修正系数（$\beta'=0.9$）进行修正，即

$$\frac{U_v}{U_d}=\varphi=\frac{\beta'\sqrt{2r_v/C_{d(Cheng)}}}{\left[\sqrt{\dfrac{\pi(1-\lambda)^3 D}{2C_{d(Cheng)}\lambda h_v}}\left(\dfrac{h_v}{H}\right)^{3/2}+4.54\left(\dfrac{h_s}{D}\dfrac{1-\lambda}{\lambda}\right)^{1/16}\left(\dfrac{h_s}{H}\right)^{3/2}\right]\sqrt{H}} \tag{2.176}$$

下面回到式（2.161），其求解的边界条件如下。

无滑移边界：渠道两岸的流速及流速梯度为零。

连续性条件：每相邻两区域的交界处，流速及流速梯度连续。

求解时，C_d 取为 1.0，ε_λ 的取值为卡门常数的六分之一，$\overline{K_1}\sim\overline{K_4}$ 则通过试验数据率定，模拟结果如图 2.33 所示，可见公式精度较高，可以较为准确地模拟出试验结果。

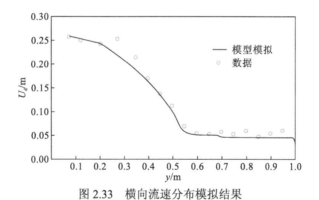

图 2.33　横向流速分布模拟结果

2）纵向流速在过水断面内的二维分布规律

对于部分覆盖淹没植被工况，在植被区内植被顶部以上的上层水流流速实际上远大于植被内部的下层水流。而在主槽区内，在水深方向上，流速分布也绝非均匀分布，事实上，无论是在主槽区内还是在植被区内，纵向流速在垂向上的分布其实是不均匀的。若想知道在这种工况下断面内水流流速的详细分布情况，需要更详细地同时从垂向与横向上研究横断面内流速的分布规律，而这些详细的流场资料则是进一步研究河道内污染物混合输移的前提条件。针对这一问题，在武汉大学水资源与水电工程科学国家重点实验室内宽 1 m 的人工水槽中进行了相关试验，用玻璃棒模拟植被构建了与目标工况相似的水流条件，进行了相关试验及分析。

（1）试验介绍。

本试验在武汉大学水资源与水电工程科学国家重点实验室的人工水槽中进行（图 2.34），水槽在沿程方向分为三个部分，即混凝土进口段（$L_u = 6\,\text{m}$）、玻璃观测段（$L_p = 8\,\text{m}$）、混凝土出口段（$L_d = 6\,\text{m}$），宽 1 m，其中植被区宽 $B_1 = 0.475\,\text{m}$，主槽区宽 $b_m = 0.525\,\text{m}$。为了方便之后的描述，将玻璃观测段开始的地方作为 x 轴的零点（x 沿程方向）。Yan 等（2016）也研究了相似的工况，在进行数值模拟前，他们在香港理工大学的试验水槽中构建了与本节相似的试验工况。他们的观察结果表明，在距离植被覆盖的观测段首端 1.7 m 处，水流已经充分发展。考虑到本节试验水槽相对于 Yan 等（2016）在香港理工大学使用的水槽更大，取 $x = 5\,\text{m}$ 处为观测断面，预先的试验表明，在这个横断面上，水流表层在横向上的梯度已经恢复为零。在试验构建过程中，用直径为 8 mm、长为 25 cm 的圆柱形有机玻璃棒模拟植被，相邻植被间距为 5 cm，排布均匀。利用 ADV 测量各点的流速，在观测断面，间隔一段横向距离选取一条垂线作为测线，共选取了 17 条垂线（其中 9 条在植被区，8 条在主槽区），每条垂线上测量 20～40 个位置，每个位置持续测量 2 min（6000 个瞬时数据点），相邻测量点的垂向间距为 0.5～2 cm。在植被区内，每条测线位于四个相邻植被之间，见图 2.35，其中大圆为植被，小圆为测线，测线的具体位置见表 2.7。

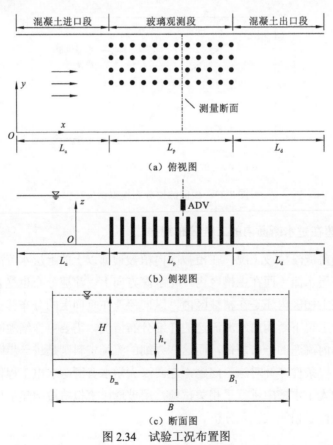

（a）俯视图

（b）侧视图

（c）断面图

图 2.34 试验工况布置图

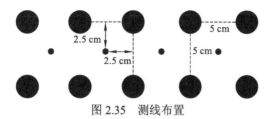

图 2.35　测线布置

表 2.7　测线的具体位置

位置	测线					
	line 1	line 2	line 3	line 4	line 5	line 6
y/cm	7.3	12.1	20.2	27.1	34.6	39.6

位置	测线					
	line 7	line 8	line 9	line 10	line 11	line 12
y/cm	44.6	49.6	54.6	59.6	64.6	69.6

位置	测线				
	line 13	line 14	line 15	line 16	line 17
y/cm	74.6	79.6	84.6	89.6	94.6

（2）试验结果。

图 2.36 与图 2.37 分别展示了植被区及主槽区内各测线的测量结果。对于部分覆盖植被的明渠水槽，White 和 Nepf（2008）曾观测到了植被区与主槽区交界处强烈的水流交换，具体表现为水流从植被区向主槽区扩展。由图 2.36 可知，这一扩展水流大大改变了主槽区靠近植被区部分的水流结构，纵向流速的垂向分布不再服从对数分布，而是呈现 S 形，在某一高度处，流速达到最低值（line 6～line 8）。当位置距离植被区足够远（line 1～line 5）时，流速的垂向分布便又回归到常见的对数分布，该分布可用式（2.177）表征（Yang et al.，2007）：

$$\frac{u}{u_*(y)} = \frac{1}{\kappa} \ln\left[\frac{zu_*(y)}{\nu}\right] + c \tag{2.177}$$

式中：$u_*(y)$ 为当地摩阻流速，并假设其只与坐标 y 有关；ν 为水的运动黏滞系数；c 为待定常数。

因此，

$$u = \frac{1}{\kappa} u_*(y) \ln(z) + \frac{1}{\kappa} u_*(y) \ln\left[\frac{u_*(y)}{\nu}\right] + cu_*(y) \tag{2.178}$$

即

$$u = c' \ln(z) + c'' \tag{2.179}$$

其中，$c' = \dfrac{1}{\kappa} u_*(y)$，$c'' = \dfrac{1}{\kappa} u_*(y) \ln\left[\dfrac{u_*(y)}{\nu}\right] + cu_*(y)$。

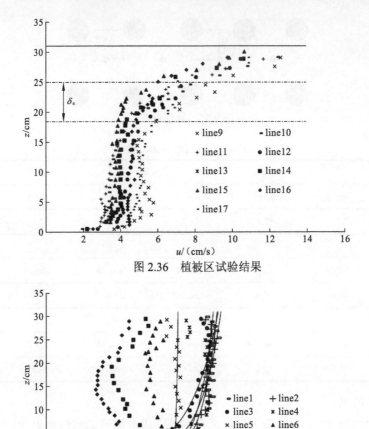

图 2.36　植被区试验结果

图 2.37　主槽区试验结果

在这里，利用遗传算法软件 Eureqa 分析试验数据，率定常数 c' 与 c'' 的具体取值，结果见表 2.8，代入式（2.179）后得到的流速分布见图 2.36。

表 2.8　参数率定结果

率定常数	测线				
	line 1	line 2	line 3	line 4	line 5
c'	0.26	2.34	4.59	2.35	3.47
c''	21.2	20.0	13.1	20.6	17.4

图 2.36 展示了在植被区各位置上测线的测量结果，利用入侵深度（δ_e）可将水流在垂向上分成三部分：在植被以上的表层水流、在入侵深度以内的混合层水流和在入侵深度以下的底层水流。底层内，植被拖曳力与重力的分力（下滑力）平衡，在该区域内，流速的垂向分布近乎为均匀的（除去靠近河床的部分）。在混合层，水流紊动强度大，掺混剧烈，该部分流速的垂向分布或可用双曲正切函数拟合。对于表层水流，以往的试验

曾观测到其流速近乎为对数分布的形式（与全断面覆盖淹没植被的情况相似），然而本试验的结果却更像是一条斜线，这可能是因为本试验中淹没度较小（$H/h_v \approx 1.2$）。

2.3　本 章 小 结

本章主要讨论刚性植被环境下的水力学特性，包含植被阻力特性及植被影响下的水流流速分布。其中：根据水深与植被高度的关系，分别针对挺水植被和沉水植被进行研究；根据不同的植被分布形式，分别针对植被全覆盖河道和植被部分覆盖河道的情况开展讨论。

（1）对刚性挺水植被阻力特性开展研究，结果表明，在恒定均匀流条件下，植被的拖曳力系数与雷诺数呈现减函数关系，即随着雷诺数的增大，植被的拖曳力系数逐渐减小。在恒定非均匀流条件下，植被的拖曳力系数与雷诺数呈现近似抛物线的函数关系，即随着雷诺数的增大，植被的拖曳力系数先增大后减小。

（2）对刚性沉水植被阻力特性开展研究，分别提出了基于单层模型和双层模型的阻力描述方法。其中，单层模型将植被视为河床粗糙度的一部分，采用传统的阻力公式（如达西-韦斯巴赫公式）来描述植被对水流的阻力，进而得到植被影响下的河道过流能力。而双层模型，基于植被层和表层的控制方程及水流涡结构特点，在明晰植被阻力特点的基础上，分别计算不同水层的平均流速。

（3）对刚性挺水植被影响下的流速分布特点开展研究，结果表明：当植被在河道宽度方向均匀分布（植被全覆盖河道）时，可认为某一断面内不同位置上的纵向流速的垂向分布是相同的；然而，在天然河道中，由于靠近河流深泓线的地方水流流速很大，不利于植物生长，植被往往分布在靠近河岸的区域，从而形成部分覆盖植被的河道形态，这种情况下水流流速在不同位置是不同的，本章通过求解二维浅水差分方程，采用摄动法提示了纵向流速横向分布的规律。

（4）对刚性沉水植被影响下的流速分布特点开展研究。对于植被全覆盖河道的情况，针对表层、植被上层与植被下层的水流结构特点，构建了纵向流速垂向分布的三层模型。针对植被部分覆盖河道的情况，将水流划分为主槽稳定区、主槽混合区、植被混合区、植被稳定区，通过求解控制方程得到不同区域的水流流速分布特征。

第3章 柔性植被环境水力学特性

第2章主要阐述概化刚性植被条件下的水流运动特性,然而在天然环境中,柔性植被占据相当大的比重。相比刚性植被,柔性植被在水流作用下会发生不同程度的弯曲,并且随着水流流速的不同,弯曲的程度也会改变。同时,弯曲程度的不同又使植被对水流的挡水面积发生变化,进而阻力也会改变,反过来也会影响水流的流速。这样就造成水流在柔性植被作用的情况下,紊动特性较为复杂,本章将针对柔性植被开展详细的探讨,其中第3.1节和3.2节讨论不同弯曲程度柔性片状和柱状植被对水流的影响,第3.3节研究莎草等天然植被对水流的影响。具体而言,第3.1节基于悬臂梁理论阐述柔性植被条件下的水流运动特性,第3.2节在此基础上推导出倒伏植被环境下的水流运动特性,第3.3节展示莎草环境下的水动力特性。

3.1 基于悬臂梁理论的柔性植被水流特性

3.1.1 模型构建

1. 植被弯曲受力分析

在有限水深的明渠恒定流动中，在柔性植被完全淹没的情况下，柔性植被会在水流作用下发生弯曲变形，根据材料力学的知识，把柔性植被当作弯曲的悬臂梁来处理（Chen et al.，2010）。建立如图 3.1 所示的坐标系 (x,z)，其中垂向坐标 z 表示距河槽底部的高度。植被初始高度为 L_v，s_{veg} 为植被弯曲后曲线的长度，在水流作用下发生弯曲之后的投影高度为 h_v，这里的 h_v 为植被弯曲后的高度。

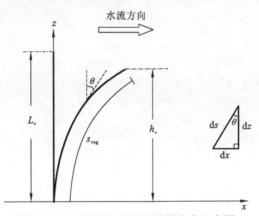

图 3.1　水流作用下的柔性植被弯曲示意图

假定植被的抗弯刚度对同种植被是恒定的，并且植被与河床底部是硬连接。由材料力学知识得到挠曲轴微分方程：

$$\frac{\dfrac{\mathrm{d}^2 x}{\mathrm{d}z^2}}{\left[1+\left(\dfrac{\mathrm{d}x}{\mathrm{d}z}\right)^2\right]^{3/2}} = \frac{M_v(z)}{EI} \tag{3.1}$$

式中：M_v 为弯矩，N·m；E 为植被的弹性模量，N/m²；I 为截面的惯性矩，m⁴。

在弯曲的植被上取微元 $\mathrm{d}s$ 进行分析，其中 θ 为弯曲角度，如图 3.1 所示，可得

$$\tan\theta = \frac{\mathrm{d}x}{\mathrm{d}z} \tag{3.2}$$

$$\sin\theta = \int_0^z \frac{M_v(z)}{EI}\mathrm{d}z \tag{3.3}$$

所以弯曲植被的曲线长度 $s(h_v)$ 可以表示为

$$s(h_v) = \int_0^{h_v} \sqrt{1 + \left(\frac{dx}{dz}\right)^2}\, dz \tag{3.4}$$

假定每个柔性植被在水流中受到均匀分布的总荷载 P，且 P 垂直于 z 轴，则弯矩 M_v 可以表示为

$$M_v(z) = \frac{P(h_v - z)^2}{2h_v} \tag{3.5}$$

将式（3.5）代入式（3.3）可得

$$\sin\theta = \frac{P}{2EI}\left(\frac{z^3}{3h_v} - z^2 + zh_v\right) \tag{3.6}$$

所以可得

$$\frac{dx}{dz} = \frac{\sin\theta}{\cos\theta} = \frac{\dfrac{P}{2EI}\left(\dfrac{z^3}{3h_v} - z^2 + zh_v\right)}{\sqrt{1 - \left[\dfrac{P}{2EI}\left(\dfrac{z^3}{3h_v} - z^2 + zh_v\right)\right]^2}} \tag{3.7}$$

对于恒定均匀的明渠植被水流，水流对单个植被的总荷载 P 为

$$P = \frac{1}{2}\rho C_d D h_v U_v^2 \tag{3.8}$$

式中：ρ 为水的密度；C_d 为植被拖曳力系数；D 为植被直径；U_v 为植被层的平均流速。

Yang 和 Choi（2009）提出植被层的平均流速为

$$U_v = \sqrt{\frac{2giH}{C_d m D h_v}} \tag{3.9}$$

式中：g 为重力加速度；i 为能量坡度；H 为总水深；m 为植被密度，即单位面积河床上的植被数量。

假定单个植被的拖曳力系数 C_d 和植被群的拖曳力系数 C_d 是相同的（实际情况可能会略有区别，但对于简化的理论分析是适用的），将式（3.9）代入式（3.8）得水流对淹没植被的总荷载 P，为

$$P = \frac{\rho giH}{m} \tag{3.10}$$

将式（3.10）代入式（3.6）得到植被每一点的弯曲角度的表达式：

$$\theta = \arcsin\left[\frac{\rho giH}{2mEI}\left(\frac{z^3}{3h_v} - z^2 + zh_v\right)\right] \tag{3.11}$$

将式（3.7）、式（3.10）代入式（3.4）得弯曲植被的曲线长度 $s(h_v)$，为

$$s(h_v) = \int_0^{h_v} \sqrt{1 + \left\{\frac{\dfrac{\rho giH}{2mEI}\left(\dfrac{z^3}{3h_v} - z^2 + zh_v\right)}{1 - \left[\dfrac{\rho giH}{2mEI}\left(\dfrac{z^3}{3h_v} - z^2 + zh_v\right)\right]^2}\right\}^2}\, dz \tag{3.12}$$

通过数值解法，采用式（3.12）可以得到植被弯曲后的高度。计算流程如下：先假定植被弯曲后的高度 h_v，通过式（3.6）可以求得 $\sin\theta$，通过式（3.7）可以得到 dx/dz 的表达式，再代入式（3.12）求得弯曲植被的曲线长度 $s(h_v)$。如果 $|s(h_v)-L_v|>\varepsilon_{veg}$，应该假定新的 h_v 值进行计算，直到 $|s(h_v)-L_v|<\varepsilon_{veg}$ 为止，其中 ε_{veg} 为确定迭代计算精度的小量，在本节中 $\varepsilon_{veg}=0.0005$ m。需要注意的是，在假定 h_v 的值时，要保证式（3.6）小于 1，即 $\sin\theta<1$。此计算流程可以持续进行，直到满足精度的植被弯曲高度 h_v 被找到。

求解植被弯曲高度 h_v 的流程图如图 3.2 所示。

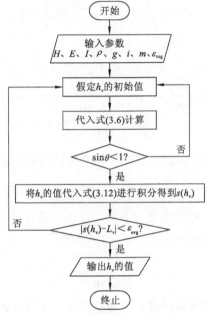

图 3.2　植被弯曲高度计算流程图

Kubrak 等（2008）的试验采用椭圆形截面的柱体模拟柔性植被，椭圆形截面的长轴 $D'_1=0.00095$ m，短轴 $D'_2=0.0007$ m，植被初始高度（弯曲前）为 0.165 m。将 Kubrak 等（2008）的试验测量值与通过流程图得到的计算值进行比较，结果如表 3.1 所示。结果显示，计算值与测量值的差异相当小，表明此迭代计算可以很好地求解植被弯曲后的高度。因此，均匀分布的荷载 P 的假定在计算植被弯曲后高度的过程中是合理的并且是行之有效的。

表 3.1　弯曲高度的迭代计算值与试验测量值的对比

工况	弯曲前高度/m	弯曲高度测量值/m	弯曲高度计算值/m	计算值-测量值/m
1.1.1	0.165	0.163	0.163	0.000
1.1.2	0.165	0.163	0.163	0.000
1.1.3	0.165	0.164	0.164	0.000
1.1.4	0.165	0.164	0.164	0.000

续表

工况	弯曲前高度/m	弯曲高度测量值/m	弯曲高度计算值/m	计算值−测量值/m
1.2.1	0.165	0.161	0.161	0.000
1.2.2	0.165	0.162	0.161	−0.001
1.2.3	0.165	0.161	0.161	0.000
1.2.4	0.165	0.162	0.162	0.000
2.1.3	0.165	0.155	0.154	−0.001
2.2.1	0.165	0.132	0.131	−0.001
3.1.3	0.165	0.153	0.153	0.000

由于在实际中植被弯曲后的高度是很容易测量的（Yang and Choi，2010；Kubrak et al.，2008），在接下来流速特性的解析解模型的分析中，植被的弯曲高度被当作已知量。

2. 雷诺应力特性

对于恒定均匀且充分发展的明渠紊流，植被水流可以分为两层来进行研究，即植被所占据的植被层及植被层上部的自由水层，如图 3.3 所示。

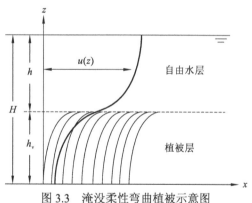

图 3.3 淹没柔性弯曲植被示意图

在植被层中，Shimizu 等（1991）提出刚性植被情况下的雷诺应力近似服从指数分布。在此基础上，Dijkstra 和 Uittenbogaard（2010）收集多个试验数据，对比分析了刚性植被和柔性植被情况下的雷诺应力分布，发现它们的分布形式基本相同（高柔性易倒伏的植被除外）。这就说明无论是刚性植被还是柔性植被（高柔性易倒伏的植被除外），其植被层的雷诺应力均近似服从指数分布，且雷诺应力的最大值出现在植被顶部附近。

植被层的雷诺应力表示为

$$\tau = -\rho \overline{u'w'} = -\rho \overline{u'w'}\big|_{z=h_v} \exp[\alpha_R(z-h_v)] \tag{3.13}$$

式中：α_R 为常数；u'、w' 为纵向和垂向流速的脉动值。

通过受力分析，可以得到植被层与自由水层的交界面即植被顶部（$z=h_v$）的切应力，

为（Yang and Choi，2010）

$$-\rho \overline{u'w'}|_{z=h_v} = \rho g i(H - h_v) = \rho u_*^2 \tag{3.14}$$

式中：$u_* = \sqrt{gih}$，为植被顶部的剪切流速，即摩阻流速，h 为自由水层的深度（$h = H - h_v$）。

在自由水层中，雷诺应力采用布西内斯克假设，即

$$\tau = \rho v_t \frac{\mathrm{d}u}{\mathrm{d}z} \tag{3.15}$$

式中：v_t 为紊动运动黏性参数。

3. 流速模型的建立

1）植被层的流速分布

在植被层中，水流的控制方程表示为

$$\frac{\partial \tau}{\partial z} + \rho g i - \frac{\partial F_x}{\partial z} = 0 \tag{3.16}$$

式中：F_x 为力在 x 方向的合力。

忽略黏性切应力的作用，只考虑雷诺应力，其满足指数分布，由式（3.13）、式（3.14）得

$$\tau = \rho g h i \exp[\alpha_R(z - h_v)] \tag{3.17}$$

在恒定均匀、充分发展的明渠紊流中，柔性植被会发生如图 3.4 所示的弯曲。其中，θ 为植被上某点的弯曲角度，h_v 为植被弯曲后的高度。在植被上取任一微元 $\mathrm{d}s$ 进行受力分析，可知该微元受到五个力的作用，分别为竖直向下的重力 $\mathrm{d}F_w$、竖直向上的浮力 $\mathrm{d}F_b$、竖直方向的升力 $\mathrm{d}F_L$、垂直于植被的拖曳力 $\mathrm{d}F_d$ 及平行于植被的摩擦阻力 $\mathrm{d}F_f$，如图 3.4 所示。

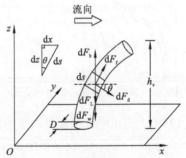

图 3.4　弯曲植被的受力示意图

对单个植被进行分析，设微元 $\mathrm{d}s$ 的体积为 $\mathrm{d}V$，则重力为

$$\mathrm{d}F_w = \rho_v g \mathrm{d}V \tag{3.18}$$

式中：ρ_v 为植被本身的密度。

当植被处于淹没状态时，受到的浮力为

$$\mathrm{d}F_b = \rho g \mathrm{d}V \tag{3.19}$$

植被与水流的相互作用会导致升力的产生（Abdelrhman，2007），升力表示为

$$dF_L = \frac{1}{2} C_L \rho u^2 dA_L \tag{3.20}$$

式中：C_L 为升力系数；dA_L 为该微元在 xOy 坐标面的投影面积；u 为当地时均流速。

由 Bootle（1971）的计算方法可以得到每个植被的拖曳力和摩擦阻力，分别为

$$dF_d = \frac{1}{2} C_d \rho (u\cos\theta)^2 A_f = \frac{1}{2} C_d \rho (u\cos\theta)^2 Dds \tag{3.21}$$

$$dF_f = \frac{1}{2} C_f \rho (u\sin\theta)^2 A_s = \frac{1}{2} C_f \rho (u\sin\theta)^2 C_p ds \tag{3.22}$$

式中：C_f 为摩擦阻力系数；A_f 为植被的挡水面积（正对水流方向）；A_s 为植被的表面积；C_p 为植被断面的周长。

其中，有如下几何关系：

$$ds = \frac{dz}{\cos\theta} \tag{3.23}$$

由于单位河床面积上的植被个数是 m 个，将上述所有力在 x 方向上求合力，可以得到单位河床面积上在水流方向上水流对植被的合力，为

$$dF_x = m(dF_d\cos\theta + dF_f\sin\theta) \tag{3.24}$$

由牛顿第三定律（作用力与反作用力大小相等、方向相反）知，植被对水流阻力的大小也是式（3.24）。

将式（3.21）～式（3.23）代入式（3.24）可得

$$\frac{dF_x}{dz} = \frac{1}{2} m\rho u^2 \left(C_d D\cos^2\theta + C_f C_p \frac{\sin^3\theta}{\cos\theta} \right) \tag{3.25}$$

将雷诺应力式（3.17）、植被阻力式（3.25）及植被的弯曲角度式（3.11）代入式（3.16），求解控制方程，得到植被层的流速分布：

$$u = \sqrt{\frac{2gi\{\alpha_R h\exp[\alpha_R(z-h_v)]+1\}}{mD\left\{C_d\left[1-\left(\frac{\rho giH}{2mEI}\right)^2\left(\frac{z^3}{3h_v}-z^2+zh_v\right)^2\right] + \pi C_f \frac{\left[\frac{\rho giH}{2mEI}\left(\frac{z^3}{3h_v}-z^2+zh_v\right)\right]^3}{\sqrt{1-\left[\frac{\rho giH}{2mEI}\left(\frac{z^3}{3h_v}-z^2+zh_v\right)\right]^2}}\right\}}} \tag{3.26}$$

当 $z=0$ 时，在忽略河床底部切应力的情况下，得到河床底部流速：

$$u_0 = \sqrt{\frac{2gi[\alpha_R h\exp(-\alpha_R h_v)+1]}{C_d mD}} \tag{3.27}$$

由于 $\alpha_R h$ 相对于 $\exp(\alpha_R h_v)$ 很小，采用量阶比较的方法，可知式（3.27）中

$$\alpha_R h\exp(-\alpha_R h_v) \to 0 \tag{3.28}$$

从而得

$$u_0 = \sqrt{\frac{2gi}{C_d mD}} \tag{3.29}$$

这与 Klopstra 等（1997）所采用的河床底部滑移速度一致。这说明河床底部在植被

弯曲极小的情况下，柔性植被和刚性植被的起始流速相同。

当 $z = h_v$ 时，由式（3.26）得植被顶部的流速 $u_{v,top}$ 为

$$u_{v,top} = \sqrt{\frac{2gi(\alpha_R h_v + 1)}{mD\left\{C_d\left[1 - \left(\frac{\rho g i H h_v^2}{6mEI}\right)^2\right] + \pi C_f \frac{\left(\frac{\rho g i H h_v^2}{6mEI}\right)^3}{\sqrt{1 - \left(\frac{\rho g i H h_v^2}{6mEI}\right)^2}}\right\}}} \tag{3.30}$$

2）自由水层的流速分布

在自由水层，即非植被层，雷诺应力采用布西内斯克假设，在水流为恒定均匀紊流情况下，控制方程为

$$\rho g i(H - z) = \rho \frac{du}{dz} v_t \tag{3.31}$$

对式（3.31）积分得

$$u = \frac{gi}{v_t}\left(Hz - \frac{1}{2}z^2\right) + C_{n1} \tag{3.32}$$

式中：C_{n1} 为积分常数。

当 $z = h_v$ 时，$u = u_{v,top}$，从而得

$$C_{n1} = u_{v,top} - \frac{gi}{v_t}\left(Hh_v - \frac{1}{2}h_v^2\right) \tag{3.33}$$

所以自由水层的流速表达式为

$$u = \frac{gi}{2v_t}(-z^2 + 2Hz - 2Hh_v + h_v^2) + u_{v,top} \tag{3.34}$$

Huai 等（2009b）提出非植被层的流速表达式为

$$u = \left(\frac{H}{h}\right)\frac{u_*}{\kappa}\ln\frac{z}{h_v} + u_{v,top} \tag{3.35}$$

其中，κ 为卡门常数，取 0.41，并且摩阻流速为

$$u_* = \sqrt{gi(H - h_v)} \tag{3.36}$$

将非植被层流速式（3.35）从植被高度 h_v 到总水深 H 进行积分，再除以 h，得到非植被层的水深平均流速 U_{v1}：

$$U_{v1} = \frac{1}{h}\int_{h_v}^{H}u(z)dz = \frac{gih^2}{3v_t} + u_{v,top} \tag{3.37}$$

再将 Huai 等（2009b）提出的非植被层的流速式（3.35）从植被高度 h_v 到总水深 H 进行积分，除以 h，得到非植被层的水深平均流速 U_{v2}：

$$U_{v2} = \frac{1}{h}\int_{h_v}^{H}u(z)dz = \frac{H\sqrt{gih}}{\kappa h^2}\left(H\ln\frac{H}{h_v} - h\right) + u_{v,top} \tag{3.38}$$

令 $U_{v1} = U_{v2}$，即令式（3.37）、式（3.38）相等，得到紊动运动黏性参数 v_t 的表达式：

$$v_t = \frac{\kappa g^{1/2} i^{1/2} h^{7/2}}{3H^2 \ln(H/h_v) - 3Hh} \tag{3.39}$$

将式（3.39）代入式（3.34），得到自由水层的流速分布，为

$$u = \frac{[3H^2 \ln(H/h_v) - 3Hh]\sqrt{gi}}{\kappa h^{7/2}}(-z^2 + 2Hz - 2Hh_v + h_v^2) + u_{v,\text{top}} \tag{3.40}$$

从式（3.40）可以看出

$$\frac{\mathrm{d}u}{\mathrm{d}z}\Big|_{z=H} = 0 \tag{3.41}$$

即流速梯度在水面为零，符合实际情况。

3.1.2　试验数据

对于柔性植被，采用 Kubrak 等（2008）、Yang 和 Choi（2009）的试验数据进行验证，试验参数见表 3.2。

表 3.2　模型验证的试验参数

数据来源	Kubrak 等（2008）			Yang 和 Choi（2009）	Tsujimoto 和 Kitamura（1990）	
工况	1.2.1	2.2.1	4.1.1	FH2Q1	A11	A71
植被类型	柔性	柔性	柔性	柔性	刚性	刚性
截面形状	椭圆	椭圆	椭圆	矩形	圆	圆
i	0.017 4	0.017 4	0.008 7	0.001 51	0.001	0.007
α_R	84.15	36.97	34.88	47.12	59.70	63.35
C_d	1.4	1.4	1.4	1.13	1.4	1.4
D/m	0.000 95	0.000 95	0.000 95	0.002	0.001 5	0.001 5
C_p/m	0.002 606 7	0.002 606 7	0.002 606 7	0.004 4	0.004 71	0.004 71
H/m	0.223 6	0.213 1	0.242 1	0.075	0.095	0.089 5
L_v/m	0.165	0.165	0.165	0.035	0.045 9	0.045 9
h_v/m	0.161	0.132	0.151	0.027 5	0.045 9	0.045 9
$EI/(\text{N}\cdot\text{m}^2)$	5.81×10^{-5}	5.81×10^{-5}	5.81×10^{-5}	6.50×10^{-5}	10 000	10 000
$m/(\text{个}/\text{m}^2)$	10 000	2 500	2 500	1 400	2 500	2 500

Kubrak 等（2008）的试验测得了纵向和横向的水流流速。试验在长 16 m、宽 0.58 m 的玻璃水槽中进行，用椭圆形截面的柱状物来模拟柔性植被，其椭圆断面的长轴长 $D'_1 = 0.000\,95$ m，短轴长 $D'_2 = 0.000\,7$ m，植被的长度为 0.165 m，同时可以得到 $D = 0.000\,95$ m，椭圆断面周长 $C_p = 0.002\,606\,7$ m。

Yang 和 Choi（2009）则采用聚乙烯薄膜来模拟片状的柔性植被，其试验是在长 8 m、宽 0.45 m 的明渠水槽中进行的。聚乙烯薄膜的正对宽度为 0.002 m，厚度为 0.000 2 m。

据此可得 $D=0.002$ m，$C_p=0.0044$ m。

当柔性植被的刚性足够大时，可以被看作刚性植被，又由 Dijkstra 和 Uittenbogaard（2010）知一般柔性的植被和刚性植被在植被层中的雷诺应力分布几乎是一样的，故本流速模型同样适用于刚性植被，本节推出的流速模型同样可以应用于刚性植被。基于这个思想，采用 Tsujimoto 和 Kitamura（1990）的实测数据来对比流速分布。Tsujimoto 和 Kitamura（1990）的试验在长 12 m、宽 0.4 m 的水槽中进行，采用圆柱体来模拟刚性植被，直径 $D=0.0015$ m，高度为 0.0459 m。这里取抗弯刚度 $EI=10000$ N·m^2 以表示植被很难弯曲，可以被看作刚性植被。

3.1.3 模型验证

1. 参数的确定

应用此模型需要确定三个参数：拖曳力系数 C_d、摩擦阻力系数 C_f、常数 α_R。

1）拖曳力系数 C_d 的确定

Schlichting 和 Gersten（1979）提出的计算 C_d 的公式如下：

$$\begin{cases} C_d = 3.07 Re_D^{-0.168}, & Re_D < 800 \\ C_d = 1.0, & 800 \leqslant Re_D < 8000 \\ C_d = 1.2, & 8000 \leqslant Re_D < 10^5 \end{cases} \tag{3.42}$$

式中：Re_D 为拖曳力作用下的雷诺数，即

$$Re_D = \frac{uD\cos\theta}{\nu} \tag{3.43}$$

其中：u 为在水深 z 处的流速；ν 为水的运动黏滞系数。

由式（3.42）可知，当 $Re_D < 800$ 时，C_d 随着流速的变化而变化。通过对 Shimizu 和 Tsujimoto（1994）、Kubrak 等（2008）及 Yang 和 Choi（2009）试验数据的估算，植被层中的 Re_D 均小于 800，并且 C_d 在 1~1.5 变动。为了得到流速的解析解，C_d 需取定值，本章对拖曳力系数采用下面的值：Klopstra 等（1997）提出 $C_d=1.4$ 可以较好地适用于圆柱形植被；Dunn 等（1996）指出 $C_d=1.13$ 适用于柔性的片状植被。

2）摩擦阻力系数 C_f 的确定

Suryanarayana 和 Arici（2003）提出的计算 C_f 的公式如下：

$$\begin{cases} C_f = \dfrac{1.328}{Re_F^{0.5}}, & Re_F < 5 \times 10^5 \\ C_f = \dfrac{0.074}{Re_F^{0.2}} - \dfrac{1740}{Re_F}, & 5 \times 10^5 \leqslant Re_F < 10^7 \\ C_f = \dfrac{0.455}{\lg(Re_F)^{2.584}} - \dfrac{1700}{Re_F}, & 10^7 \leqslant Re_F \end{cases} \tag{3.44}$$

式中：Re_F 为摩擦阻力作用下的雷诺数，即

$$Re_F = u s_{veg} (\sin\theta)/v \tag{3.45}$$

其中：s_{veg} 为从植被底部到所计算点的弧长。通过式（3.44）可以看出，局部的 C_f 会随着流速、弯曲角度、弧长的变化而变化，并且 C_f 的范围很大。然而在解析解模型中，C_f 的取值需为定值，在这里取 $C_f = 0.4$。

3）常数 α_R 的确定

常数 α_R 的值与水流条件及植被特性相关。对于圆柱形植被，取 $C_d = 1.4$；对于柔性片状植被，取 $C_d = 1.13$。摩擦阻力系数 $C_f = 0.4$。然后将模型预测的流速分布［式（3.26）］与 Tsujimoto 和 Kitamura（1990）、Kubrak 等（2008）、Yang 和 Choi（2009）的实测流速进行对比，得到 α_R 的最优拟合表达式：

$$\alpha_R = \sqrt{\frac{C_d m D}{0.03(H - h_v)}} \tag{3.46}$$

可以看出，常数 α_R 与拖曳力系数 C_d、植被密度 m、直径 D、水深 H 和植被高度 h_v 有关。最优的拟合图像如图 3.5 所示。

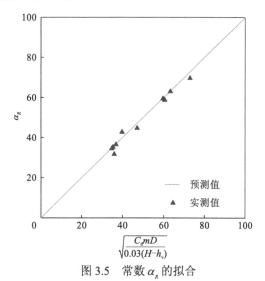

图 3.5　常数 α_R 的拟合

2. 模型预测值与实测值对比

流速的模型预测值与实测值对比如图 3.6 所示。

从图 3.6 可以看出，该流速模型的预测值与试验的实测值吻合很好，说明此模型可以用来预测淹没情况下柔性植被和刚性植被水流的流速分布。

3. 敏感性分析

在应用本模型进行流速预测时，参数 C_d、C_f 和 E 的选取是很重要的。对于拖曳力系数 C_d 的取值，不同学者有着不同的观点。例如，Li 和 Shen（1973）针对刚性植被采用

$$C_d = 1.13 \tag{3.47}$$

Klaassen 和 van der Zwaard（1974）针对刚性灌木采用

$$C_d = 1.5 \tag{3.48}$$

Saowapon 和 Kouwen（1989）针对柔性植被采用的 C_d 在 0～2 变化，Liu 等（2012）针对灌木丛采用 $C_d=1.5$。在此，有必要进行参数的敏感性分析来进一步验证本模型的可行性。此次敏感性分析是通过变化参数 C_d、C_f 和 E 的取值来观测流量计算值 Q_c 的变化。其中，流量计算值 Q_c 通过植被层和自由水层的流速分布的积分得到，且流量计算值与实测值的偏差定义为 $E_{rr}=|(Q_c-Q_m)/Q_m|$。

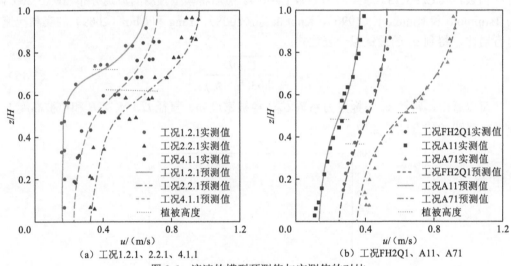

（a）工况1.2.1、2.2.1、4.1.1　　　　（b）工况FH2Q1、A11、A71

图 3.6　流速的模型预测值与实测值的对比

在这里，以工况 4.1.1 为例进行分析，Kubrak 等（2008）测得该流量的实测值 $Q_m=0.060\,9\ \text{m}^3/\text{s}$，设定参数的初始值 $C_d=1.4$、$C_f=0.4$ 和 $E=0.000\,058\,1\ \text{N/m}^2$，可以得到初始的流量预测值与实测值的偏差为 1.31%。然后，分别对参数 C_d、C_f 和 E 增加或减小 10% 和 20%，通过计算可以得到预测流量的偏差 E_{rr} 的变化幅度分别为 1.81%～6.40%、0～2.46% 及 0.99%～2.30%。从表 3.3 可以看出，该模型的流量预测值对参数 C_d、C_f 和 E 的选取并不敏感（该工况下预测流量的最大偏差仅为 6.40%），进一步表明利用该模型对植被水流进行预测是切实可行的。同时，从表 3.3 还可以看出，C_d、C_f 和 E 这三个参数中，C_d 的影响较大，其次是 E 和 C_f。

表 3.3　敏感性分析

参数	基于初始值的变化幅度	变化后的值	$Q_c/\,(\text{m}^3/\text{s})$	$E_{rr}/\%$
C_d	−20%	1.12	0.064 2	5.42
C_d	−10%	1.26	0.062 0	1.81
C_d	0	1.4	0.060 1	1.31
C_d	+10%	1.54	0.058 5	3.94

续表

参数	基于初始值的变化幅度	变化后的值	$Q_c/(\mathrm{m^3/s})$	$E_n/\%$
C_d	+20%	1.68	0.057 0	6.40
C_f	−20%	0.32	0.060 9	0.00
C_f	−10%	0.36	0.060 5	0.66
C_f	0	0.4	0.060 1	1.31
C_f	+10%	0.44	0.059 8	1.81
C_f	+20%	0.48	0.059 4	2.46
E	−20%	4.64×10^{-5}	0.060 0	1.48
E	−10%	5.23×10^{-5}	0.060 3	0.99
E	0	5.81×10^{-5}	0.060 1	1.31
E	+10%	6.39×10^{-5}	0.059 8	1.81
E	+20%	6.97×10^{-5}	0.059 5	2.30

3.1.4　讨论与结论

淹没柔性植被在水流作用下发生稳定弯曲，本节将水流的纵向流速分为植被层和自由水层分别进行研究。在植被层中，应用悬臂梁理论，从柔性植被的弯曲入手，推导出流速表达式；在自由水层中，本节的创新在于将 Huai 等（2009b）提出的对数流速公式转换为多项式形式，使水面的流速梯度为零，更切合实际。之后又将该流速解析解模型的应用推广到刚性植被。与试验实测数据的对比表明，该流速解析解模型对淹没植被情况下的水流流速预测得很好。与数值算法、实地野外测量等方法相比，该流速解析解模型在应用上更为方便，而且预测性较好。

本流速模型的适用范围是刚性植被和小弯曲情况下的柔性植被，并且本节所研究的弯曲是稳定弯曲，并未考虑植被弯曲摆动的情况。由 Dijkstra 和 Uittenbogaard（2010）的研究结果可知，在植被发生大挠度弯曲时，植被层的雷诺应力不符合指数分布的形式，故本节推导出的纵向流速垂向分布的解析解模型适用于小弯曲变形的柔性植被。

3.2　倒伏柔性植被条件下的水流特性

第 3.1 节得到的柔性植被水流的流速特性不适用于大挠度弯曲植被，针对植被在水流中发生大挠度弯曲的情况，本节提出了新的植被阻力公式，并推导出在这种情况下水流纵向流速垂向分布的解析解模型。

3.2.1 模型构建

1. 大挠度弯曲条件下植被阻力公式

3.1 节已经说明在恒定均匀、充分发展的明渠紊流中，柔性植被会发生如图 3.4 所示的弯曲。与 3.1 节的受力分析方法相同，由式（3.25）得到单位河床面积上植被对水流的阻力，将式（3.25）除以植被密度 m，得到在水流方向上每个植被对水流的阻力，表示为

$$F_{阻} = \frac{1}{2}\rho u^2 \left(C_d D \cos^2\theta + C_f C_p \frac{\sin^3\theta}{\cos\theta} \right) \tag{3.49}$$

这里，采用 Kubrak 等（2008）的植被水流试验的数据进行分析。Kubrak 等（2008）采用椭圆形截面的柱状长条来模拟柔性植被，植被的参数如下：长轴长 $D_1' = 0.00095\,\mathrm{m}$，短轴长 $D_2' = 0.0007\,\mathrm{m}$，椭圆形截面周长 $C_p = 0.0026067\,\mathrm{m}$，植被高度为 0.165 m，垂直水流方向上的正对宽度（挡水宽度，即植被直径）$D = 0.00095\,\mathrm{m}$。拖曳力系数 C_d 采用式（3.42）计算。采用 Erhard 等（2010）的计算方法得到摩擦阻力系数 C_f：

$$C_f = \frac{0.074}{Re_L^{0.2}} \tag{3.50}$$

式中：Re_L 为将植被长度作为特征长度的雷诺数，且

$$Re_L = \frac{ul}{\nu} \tag{3.51}$$

其中，植被的长度 $l = 0.165\,\mathrm{m}$，ν 是水的运动黏滞系数。

将拖曳力系数 C_d 及摩擦阻力系数 C_f 代入式（3.49），得到在水流方向上植被阻力与水流流速的关系，如图 3.7 所示，图中不同的线型表示不同的植被弯曲角度。由于在 Kubrak 等（2008）的试验中，水流流速在植被层中均小于 0.7 m/s，故图 3.7 中横坐标显示的流速范围为 0～0.7 m/s。

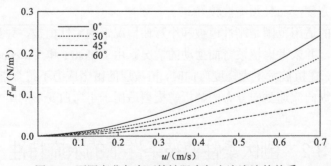

图 3.7 不同弯曲角度下植被阻力与水流流速的关系

在图 3.7 中，实线表示没有弯曲时的植被阻力，各种类型的虚线表示不同的弯曲角度下的植被阻力。可以看出，在相同水流流速下，植被阻力随着弯曲角度的增大而逐渐减小，并逐渐表现出线性的关系，这与前人的研究结果是吻合的（Kouwen and Fathi-

Moghadam，2000；Vogel，1981）。当植被的弯曲角度很大时，从图 3.7 中可以看出，植被阻力与水流流速的关系可以由不同斜率的线性关系来替代。Wilson 等（2010）通过试验研究，将柳枝作为柔性植被，提出植被阻力与水流流速的线性关系在水流流速大于 0.5 m/s 的情况下才成立。这是因为当水流流速增大时，植被的弯曲角度也在增加。因此，水流流速不是导致植被阻力与水流流速呈线性关系的根本原因，其根本原因应该是植被的弯曲程度。

实际上，在天然情况下，柔性植被的弯曲角度在植被的不同位置是不同的。在这里，为了简化，当植被的弯曲变形较大时，采用线性的植被阻力与水流流速关系来近似替代植被对水流的阻力（Schoneboom et al.，2010；Wilson et al.，2010；Armanini et al.，2005）。

2. 流速模型的建立

对于恒定均匀且充分发展的明渠植被紊流，将植被水流在垂向方向上分为植被层和自由水层，如图 3.8 所示，其中 H 为水深，自由水层深度为 $h=H-h_v$，β_v 为植被的平均弯曲程度，定义 β_v 为植被顶端到植被开始弯曲处的连线与竖直方向的夹角。

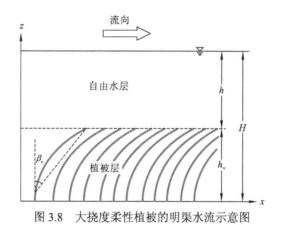

图 3.8　大挠度柔性植被的明渠水流示意图

1）植被层的流速分布

在植被层中，水流的控制方程为

$$\frac{\partial \tau}{\partial z} - \frac{\partial F_v}{\partial z} + \rho g i = 0 \tag{3.52}$$

式中：τ 为雷诺应力；F_v 为在水流方向上植被的阻力；i 为能量坡度。

对于雷诺应力，采用一阶闭合形式：

$$\tau = \rho k_v u_* z \frac{\partial u_v}{\partial z} \tag{3.53}$$

式中：k_v 为植被层的卡门系数，其受到河床和植被的双重影响；$u_* = (gih)^{1/2}$，为植被层顶部的摩阻流速；u_v 为植被层水流的纵向流速。

直立刚性植被的阻力，也就是经典的拖曳力的表达式为（Hoerner，1965）

$$\frac{\partial F_{rigid}}{\partial z} = 0.5\rho C_d m D u_v^2 \tag{3.54}$$

式中：F_{rigid} 为刚性植被的阻力；m 为植被密度，即单位面积的河床上植被的数目。

当弯曲程度很大时，阻力与流速近似为线性关系。在这里，与式（3.54）刚性植被的阻力形式类似，柔性植被的阻力可以表示为

$$\frac{\partial F_v}{\partial z} = \rho C_v m D u_* u_v \tag{3.55}$$

为了满足量纲和谐，在这里将摩阻流速作为特征流速，式（3.55）中 C_v 为新的阻力系数。

将雷诺应力式（3.53）和植被阻力式（3.55）代入控制方程式（3.52）可得

$$\frac{\partial}{\partial z}\left(k_v u_* z \frac{\partial u_v}{\partial z}\right) - (C_v m D u_*)u_v + gi = 0 \tag{3.56}$$

求解式（3.56）可得植被层的纵向流速 u_v 的表达式，为

$$u_v(z) = D_1 I_0[f(z)] + D_2 K_0[f(z)] + \frac{gi}{C_v m D u_*} \tag{3.57}$$

式中：D_1 和 D_2 为积分常数；I_α 和 K_α（$\alpha = 0$ 和 1）为修正贝塞尔函数。

由式（3.57）得到流速的垂向梯度，为

$$\frac{\partial u_v(z)}{\partial z} = \frac{f(z)}{2z}\{D_1 I_1[f(z)] - D_2 K_1[f(z)]\} \tag{3.58}$$

其中，

$$f(z) = 2\sqrt{A\frac{z}{h_v}} \tag{3.59}$$

$$A = \frac{C_v m D h_v}{k_v} \tag{3.60}$$

植被的正投影面积系数 I_{FA}（$I_{FA} = m D h_v$）表示单位河床面积上植被的正投影面积（挡水面积）的总和，所以式（3.60）可以写为

$$A = \frac{C_v}{k_v} I_{FA} \tag{3.61}$$

式（3.61）表明，参数 A 等于正投影面积系数与 C_v/k_v 的乘积。因此，参数 A 可以表征弯曲植被对水流的整体阻力效应，又因为正投影面积系数 I_{FA} 中的植被高度是在植被水流作用下弯曲后的高度，而不是初始高度（弯曲前的高度），所以称参数 A 为有效的整体阻力系数。

在河床底部满足无滑移条件：

$$u_v(z_0) = 0 , \quad z_0 \to 0 \tag{3.62}$$

因为当 $z = 0$ 时，式（3.57）无解，所以在精度允许的情况下应使 z_0 足够小，即近似趋近于 0。

在植被层与自由水层交界面处，即植被层顶部，切应力应满足以下关系（Yang and Choi，2010）：

$$\tau(h_{\mathrm{v}}) = \rho k_{\mathrm{v}} u_* h_{\mathrm{v}} \left. \frac{\partial u_{\mathrm{v}}}{\partial z} \right|_{z=h_{\mathrm{v}}} = \rho u_*^2 \tag{3.63}$$

将式（3.62）代入式（3.57），再将式（3.63）代入式（3.58），可得积分常数：

$$D_1 = \frac{\left[\dfrac{2u_*}{k_{\mathrm{v}} f(h_{\mathrm{v}})} \right] K_0[f(z_0)] - \dfrac{gi}{C_{\mathrm{v}} m D u_*} K_1[f(h_{\mathrm{v}})]}{I_0[f(z_0)] K_1[f(h_{\mathrm{v}})] + I_1[f(h_{\mathrm{v}})] K_0[f(z_0)]} \tag{3.64}$$

$$D_2 = \frac{C_1 I_1[f(h_{\mathrm{v}})] - \dfrac{2u_*}{k_{\mathrm{v}} f(h_{\mathrm{v}})}}{K_1[f(h_{\mathrm{v}})]} \tag{3.65}$$

将式（3.64）、式（3.65）得到的积分常数 D_1、D_2 代入流速表达式式（3.57），即得到在植被层中水流纵向流速的垂向分布。

2）自由水层的流速分布

在自由水层中，不存在植被拖曳力项，其控制方程表示为

$$\frac{\partial \tau}{\partial z} + \rho g i = 0 \tag{3.66}$$

其中，雷诺应力与植被层中采用的形式类似，并设 k_{n} 为自由水层的卡门系数，可以得到

$$\tau = \rho k_{\mathrm{n}} u_* z \frac{\partial u_{\mathrm{n}}}{\partial z} \tag{3.67}$$

式中：u_{n} 为自由水层的流速。

将式（3.67）代入式（3.66）可得控制方程的展开形式：

$$\frac{\partial}{\partial z} \left(k_{\mathrm{n}} u_* z \frac{\partial u_{\mathrm{n}}}{\partial z} \right) + g i = 0 \tag{3.68}$$

求解式（3.68）可得

$$u_{\mathrm{n}}(z) = -\frac{gi}{k_{\mathrm{n}} u_*} z + D_3 \ln z + D_4 \tag{3.69}$$

式中：D_3 和 D_4 为积分常数。

纵向流速的垂向梯度可以表示为

$$\frac{\partial u_{\mathrm{n}}}{\partial z} = -\frac{gi}{k_{\mathrm{n}} u_*} + \frac{D_3}{z} \tag{3.70}$$

忽略水面上风力和表面张力的影响，即

$$\left. \frac{\partial u_{\mathrm{n}}}{\partial z} \right|_{z=H} = 0 \tag{3.71}$$

将式（3.71）代入式（3.70）得

$$D_3 = \frac{giH}{k_{\mathrm{n}} u_*} \tag{3.72}$$

将 D_3 代入式（3.69），得到自由水层的纵向流速垂向分布的表达式：

$$u_{\mathrm{n}}(z) = \frac{gi}{k_{\mathrm{n}} u_*} (H \ln z - z) + D_4 \tag{3.73}$$

其中，积分常数 D_4 可由下述条件得到，植被层顶部流速与自由水层底部流速相等，即

$$u_n(h_v) = u_v(h_v) \tag{3.74}$$

3.2.2　试验数据

将本节推导出的流速解析解模型与 Kubrak 等（2008）、Dunn 等（1996）的试验数据进行对比。Dunn 等（1996）的植被水流试验是在长 19.5 m，宽 0.91 m，深 0.61 m 的水槽中完成的，他们采用直径为 0.006 35 m，长为 0.158 75 m 的软性吸管模拟柔性植被。Kubrak 等（2008）的植被水流试验是在长 16 m、宽 0.58 m 的长直玻璃水槽中进行的，他们采用具有椭圆形截面的柱状长条模拟柔性植被。其椭圆形截面参数如下：长轴长 $D_1' = 0.000\ 95$ m，短轴长 $D_2' = 0.000\ 7$ m，植被的高度为 0.165 m。试验的参数如表 3.4 所示。

表 3.4　大挠度弯曲植被水流试验参数

数据来源	Dunn 等（1996）			Kubrak 等（2008）		
	工况 Exp.13	工况 Exp.14	工况 Exp.16	工况 3.1.1	工况 3.2.1	工况 4.2.1
i	0.003 6	0.010 1	0.003 6	0.008 7	0.017 4	0.017 4
A	2.75	2.08	0.44	5.94	5.20	5.43
k_v	0.17	0.14	0.33	0.14	0.12	0.15
k_n	0.17	0.15	0.20	0.10	0.14	0.08
D /m	0.006 35	0.006 35	0.006 35	0.000 95	0.000 95	0.000 95
H /m	0.368	0.232	0.230	0.238 6	0.196 2	0.207 7
h_v /m	0.152	0.115	0.097	0.151	0.132	0.138
m /（个/m²）	171.7	171.7	43.0	2 500	2 500	2 500
平均弯曲角度/（°）	35	51	65	30	40	44

3.2.3　模型验证

1. 参数的确定

应用此解析解模型需要确定三个参数：有效的整体阻力系数 A 和两个卡门系数 k_v、k_n。

1）有效的整体阻力系数 A 的确定

通过对比解析解流速模型与 Dunn 等（1996）的实测流速数据，可以得到 A 与 I_{FA} 的线性表达式：

$$A = 16.571 I_{FA} \tag{3.75}$$

其线性关系如图 3.9 所示。

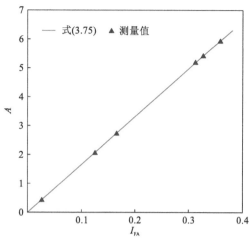

图 3.9　有效的整体阻力系数 A 与植被的正投影面积系数 I_{FA} 的关系

2）卡门系数 k_v 的确定

植被层中的雷诺应力有不同的表达形式，在这里采用两种方法来描述水流的紊动特性（Wang，2012；Yang and Choi，2010）。

第一种方法是 Yang 和 Choi（2010）提出的：

$$v_t = \frac{\kappa}{C_u} u_* z \tag{3.76}$$

其中，当 $mD \leqslant 5 \text{ m}^{-1}$ 时，$C_u = 1$；当 $mD > 5 \text{ m}^{-1}$ 时，$C_u = 2$。卡门常数 $\kappa = 0.41$。此时，雷诺应力可以表示为

$$\tau = \rho v_t \frac{\partial u}{\partial z} = \rho \left(\frac{\kappa}{C_u} \right) u_* z \frac{\partial u}{\partial z} \tag{3.77}$$

其中，κ/C_u 可以看作卡门系数 k_v，即得到

$$k_v = \frac{\kappa}{C_u} \tag{3.78}$$

第二种方法为 Wang（2012）提出的，基于改进的混合长度理论，将河床底部及植被的双重影响都考虑在雷诺应力中，得到的雷诺应力表达式为

$$\tau = \rho (s_h \kappa) u_* z \frac{\partial u}{\partial z} \tag{3.79}$$

其中，系数 s_h 表示植被引起的混合长度 l_c 对整体混合长度 l_m 的影响（Wang，2012），即

$$s_h = \frac{l_c}{[(l_c)^{N_{flow}} + (\kappa h_v)^{N_{flow}}]^{1/N_{flow}}} \tag{3.80}$$

由 Inoue（1963）的理论知，由植被引起的混合长度 l_c 为

$$l_c = \frac{2[u_* / u(h_v)]^3}{C_d mD} \tag{3.81}$$

式（3.80）中 N_{flow} 为待定常数，作用是权衡河床底部引起的混合长度 κz 和植被引起的混合长度 l_c 对整体混合长度 l_m 的影响。为了简化计算，这里取 $N_{flow}=1$，即表示河床底部和植被对整体混合长度起着同等的作用。

比较式（3.79）和式（3.53），卡门系数 k_v 可以表示为

$$k_v = s_h \kappa \tag{3.82}$$

3）卡门系数 k_n 的确定

对于自由水层，目前还没有明确的理论来确定其中的卡门系数。因此，本章基于试验数据来确定卡门系数 k_n（Kubrak et al.，2008；Dunn et al.，1996）。

在表 3.4 中，有效的整体阻力系数 A 的值由式（3.75）给出。卡门系数 k_v 和 k_n 是通过对比本流速模型的预测值与试验的实测值，采用最优拟合来确定的。

表 3.5 比较了不同方法得到的卡门系数。其中：在植被层，k_v 是通过拟合流速实测值得到的；k_{v1} 由 Yang 和 Choi（2010）的理论得到；k_{v2} 由 Wang（2012）的文献数据得到。在这里，计算由植被引起的混合长度 l_c 时，拖曳力系数取 $C_d=1.13$（Dunn et al.，1996）。这个 C_d 值与 Li 和 Shen（1973）得到的估计值吻合良好，并且 $C_d=1.13$ 也被其他学者广泛使用（Konings et al.，2012；Yang and Choi，2010，2009；López and García，2001）。表 3.5 中的 k_{v3} 由 Kubrak 等（2008）通过数值算法得到。

表 3.5　不同方法给出的卡门系数对比

数据来源	Dunn 等（1996）			Kubrak 等（2008）		
	工况 Exp.13	工况 Exp.14	工况 Exp.16	工况 3.1.1	工况 3.2.1	工况 4.2.1
k_v	0.170	0.140	0.330	0.140	0.120	0.150
k_{v1}	0.410	0.410	0.410	0.410	0.410	0.410
k_{v2}	0.052	0.016	0.033	0.030	0.013	0.027
k_{v3}	—	—	—	0.105	0.115	0.130
k_n	0.170	0.150	0.200	0.100	0.140	0.080
k_{n1}				0.110	0.095	0.090

在表 3.5 中，本节通过拟合实测流速数据的方法得到自由水层的卡门系数 k_n，由 Kubrak 等（2008）的结果给出 k_{n1}。

2. 模型计算值与实测值对比

如图 3.10 所示，为本节得到的大弯曲柔性植被存在情况下，纵向流速的垂向分布解析解与前人研究得到的流速实测值的对比。其中，实线表示本节推导出的解析解模型的流速，数据点表示流速的实测值。通过流速对比可以发现，本流速解析解模型的预测值与试验结果吻合很好，从而验证了本节提出的新的植被阻力公式的正确性，并说明此流速解析解模型对于淹没大挠度弯曲植被情况下的水流纵向流速的预测是行之有效的。

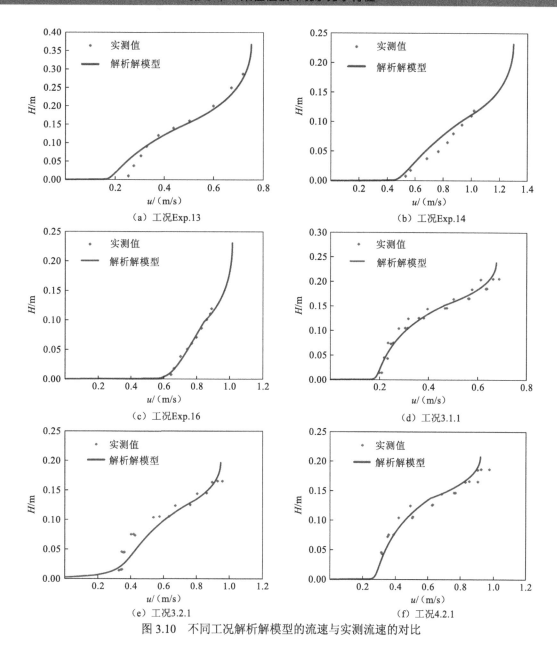

图 3.10　不同工况解析解模型的流速与实测流速的对比

3.2.4　讨论与结论

从表 3.5 可以看出，k_{v1} 和 k_{v2} 偏离 k_v 较大，表明 Yang 和 Choi（2010）、Wang（2012）的计算方法不适用于本节所选取的这些试验工况，而 Kubrak 等（2008）得到的植被层和自由水层的卡门系数与本节所采用的值非常接近，即卡门系数 k_{v3} 和 k_{n1} 分别与 k_v 和 k_n 很接近。从表 3.5 还可以看出，本节得到的卡门系数的值与传统的卡门常数 $\kappa = 0.41$ 是不同的，这是因为在植被水流中，卡门系数受到多种因素的影响，如能量坡度、植被密度、植被的排列形式、植被的柔性、植被的淹没度、植被顶部流速等（Wang，2012；Yang and Choi，2010），这导致在理论上求解卡门系数是比较困难的。

因为从机理上确定卡门系数是较为困难的，而模型中有效的整体阻力系数 A 包含卡门系数，所以现阶段对 A 的确定主要依靠拟合试验数据，而且 A 的经验公式式（3.75）适用于本节所选取的这些工况，而对于其他工况，A 的取值可能会有所变化。关于卡门系数及阻力系数的内部机理，还有待更为深入的研究。

图 3.10 表明此流速解析解模型适用于大挠度弯曲柔性植被情况下的水流流速预测，并且从表 3.4 可以看出，各工况下柔性植被的弯曲角度均大于等于 30°，表明该流速解析解模型的适用条件是植被的平均弯曲程度 $\beta_v > 30°$，通过分析可知，植被的弯曲程度越大，该流速解析解模型的预测性越好。

试验表明，当柔性植被在水流中发生较大的弯曲变形时，植被阻力与水流流速近似表现为线性关系，基于此，本节提出了新的植被阻力公式，这是一次崭新的尝试，之后通过数学方法求解控制方程得到了纵向流速的解析解模型。相比数值解法和实地测量的方法，该模型在预测水流流速时更为简便。经过对比，该模型的预测值与实测值吻合很好，验证了新的植被阻力公式的正确性，也表明该模型对植被在淹没情况下发生大挠度弯曲时的水流流速进行预测是行之有效的。

3.3　莎草环境下的水流特性

植被作用下的水流结构非常复杂，3.1 节和 3.2 节主要针对形状规则的柔性植被（片状和圆柱状植被）开展研究。然而，在天然环境下，还有许多形状不规则的植被存在，基于此，本节采用形状不规则的柔性莎草进行水槽试验，对不同植物密度和水深条件下的水流紊动现象进行分析研究，揭示淹没柔性植被对水流紊动特性的影响规律。

3.3.1　试验设置

1. 试验材料

本节使用人工塑料水草来模拟天然植被，塑料水草形状类似莎草。试验所用塑料水草平均高 21 cm，每个植被有 11 片叶子，主干直径大约为 1.5 cm，叶子横向展开宽度约为 17 cm，纵向展开宽度约为 4.5 cm，底部为 1 cm 厚的陶瓷椭圆底，如图 3.11 所示。这种材料具有一定的韧性，不完全坚硬，在做试验过程中受水流作用时会发生一定的摇摆，但不会有很强的变形或弯曲，用来模拟莎草还是较为合适的。

2.试验条件

本试验是在武汉大学水资源与水电工程科学国家重点实验室两个玻璃水槽中进行的，水槽尺寸分别为长 20.00 m、宽 0.60 m、深 0.40 m、坡度 0.4‰和长 20.00 m、宽 1.00 m、

图 3.11　塑料水草模型

深 0.40 m、坡度 0.1‰，末端可利用尾门调节水位。试验装置布置示如图 3.12 所示。为了保证水流能够在植被区充分发展并达到稳定，本次试验设置了尽可能长的植被带，其总长为 8 m，用铁丝和玻璃胶固定在有孔的底板上，植被带位于水槽的中段，距水槽进出口断面各 6 m，植被采用交错排列方式布置，如图 3.13 所示。由 ADV 沿程测量植被带水流流速，测量每两行植被中间断面的中垂线上的流速，垂线布置测点 25～35 个，垂向测点距离为 0.5～1 cm。测量垂线采用中垂线是为了尽可能减小边壁对水流的干扰。ADV 测量采样的频率为 50 Hz，试验中设定每个测点的测量时长为 120 s，即每个测点可得到 6 000 个瞬时流速。利用 Fortran 对数据进行处理，得到每个测点的时均流速、时均雷诺应力及紊动强度，数据处理原理如下。

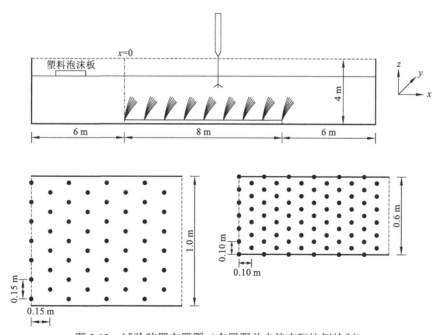

图 3.12　试验装置布置图（布置图并未按实际比例绘制）

图 3.13　植被布置图

由 ADV 测量得到三个方向的时均流速序列 $u(i)$、$v(i)$、$w(i)(i=1,2,\cdots,6\,000)$，将数据进行筛选，得到有效瞬时流速序列 $u(k)$、$v(k)$、$w(k)(k=1,2,\cdots,N')$，取时均流速为

$$\bar{u}=\frac{1}{N'}\sum_{k=1}^{N'}u(k),\quad \bar{v}=\frac{1}{N'}\sum_{k=1}^{N'}v(k),\quad \bar{w}=\frac{1}{N'}\sum_{k=1}^{N'}w(k) \tag{3.83}$$

由此可得如下结果。

脉动流速：

$$u(k)'=u(k)-\bar{u},\quad v(k)'=v(k)-\bar{v},\quad w(k)'=w(k)-\bar{w} \tag{3.84}$$

雷诺应力：

$$\overline{u'v'}=\frac{1}{N'}\sum_{k=1}^{N'}u(k)'v(k)',\quad \overline{v'w'}=\frac{1}{N'}\sum_{k=1}^{N'}v(k)'w(k)',\quad \overline{u'w'}=\frac{1}{N'}\sum_{k=1}^{N'}u(k)'w(k)' \tag{3.85}$$

紊动强度：

$$\sigma(u)=\sqrt{u(k)'^2},\quad \sigma(v)=\sqrt{v(k)'^2},\quad \sigma(w)=\sqrt{w(k)'^2} \tag{3.86}$$

3. 试验工况

试验是在不同的植被密度和水深的工况下进行的。工况一下植被距为 0.15 m，行距为 0.15 m，水深为 0.27 m；工况二下植被距为 0.10 m，行距为 0.10 m，水深为 0.27 m；工况三下植被距为 0.10 m，行距为 0.10 m，水深为 0.33 m。具体试验工况信息见表 3.6。试验过程中通过电磁流量计和尾门控制水槽试验的流量与水位，水头可被认为是恒定均匀的。试验测量范围为：宽深比 $B/H=1.818\sim3.704$，弗劳德数 $Fr=0.061\sim0.080$，雷诺数 $Re=15\,008\sim18\,127$。

表 3.6　试验工况基本信息

工况编号	植被密度 / (个/m²)	植被距 /cm	行距 /cm	水深 /cm	水深平均流速 / (cm/s)	植被弯曲高度 /cm
一	43.3	15	15	27	11.8	18.5
二	108.3	10	10	27	13.0	19.5
三	108.3	10	10	33	10.9	21.0

4. 试验步骤

（1）铺设植被：将 8 m 长的植被带以交错排列的方式铺设在底板上，利用铁丝和玻璃胶固定，玻璃胶凝固后便可以开始水槽试验。

（2）放水测量：前期准备完成后便可以开始放水，通过电磁流量计和尾门调节水流。调节好流量、水位后稍等一段时间，待水流完全稳定，架设好 ADV 测架，并将 ADV 与计算机进行连接。一切准备就绪后开始测量。先对植被带前端的无植被区断面的中垂线进行测量，然后在植被带内沿程选取断面进行流速测量。

（3）采用不同的工况条件，重复以上工作进行流速测量。

（4）利用 ADV 软件导出测量数据，采用 Fortran、MATLAB 等多种软件对数据进行处理分析，研究不同条件下柔性淹没植被对水流紊动特性的影响。

3.3.2　水流时均运动特性

1. 拖曳力系数分析

植被对水流的影响主要表现在拖曳力上，床面原先对水流的拖曳力与植被对水流的拖曳力相比可以忽略不计。不同的水流条件及植被特性都会改变植被的拖曳力，本节分析了三种工况下植被层内拖曳力系数 C_d 沿水深的分布规律（唐雪，2016）。

植被层内拖曳力系数 C_d 与植被数和阻水面积密切相关。以往的研究中通常将植被数与阻水面积综合起来表示为植被密度 a，即单位体积植被阻碍的正面面积。本节工况一植被数 $m=43.3$ 个/m²，工况二和工况三植被数 $m=108.3$ 个/m²。由于试验所用的塑料水草面积沿垂向分布不均匀，植被的正面阻水面积不能通过计算直接求出。本节基于单个植被的轮廓图（图 3.14），利用 MATLAB 求出垂向每厘米植被的正面阻水面积 A_f，并将植被密度表示为

$$a(z) = mA_f(z) / \Delta z \tag{3.87}$$

其中，$\Delta z = 1$ cm，植被密度沿垂向的分布图如图 3.15 所示。从图 3.15 中可以看出，植被密度先增加到 $z/h_v = 0.5$ 下方后又逐渐减小，且植被密度 a 随植被数 m 的增大而增大，这与 Nepf 和 Vivoni（2000）得出的结果有所不同，Nepf 和 Vivoni（2000）试验中的植被

密度先保持不变，后增加，在 $z/h_v=0.5$ 附近达到最大值后保持不变。这可能是因为此次试验采用的模型植被的叶片呈两边窄中间宽的形状，导致植被密度增加到叶片最宽处后又逐渐减小；而 Nepf 和 Vivoni（2000）采用的植被模型是由 6 片形状规则的矩形窄塑料片组成的，在接近床面处，叶片被捆绑成圆柱形，面积不变，随着叶片沿垂向散开，阻水面积增大，待叶片完全散开后，阻水面积不再增加。

图 3.14　单个植被轮廓示意图

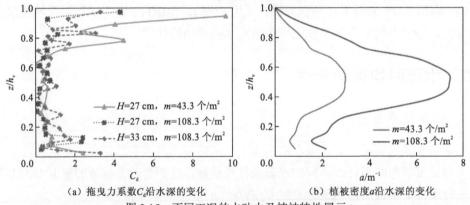

（a）拖曳力系数 C_d 沿水深的变化　　（b）植被密度 a 沿水深的变化

图 3.15　不同工况的水动力及植被特性展示

已知水面坡度和雷诺应力 $\langle \overline{u'w'} \rangle$ 的垂向分布图，根据平均动量方程

$$0 = -g\frac{\partial H}{\partial x} - \frac{\partial \langle \overline{u'w'} \rangle}{\partial z} - \frac{1}{2}C_d a\langle \overline{u} \rangle^2 \tag{3.88}$$

可求出植被拖曳力系数 $C_d(z)$。式（3.88）中忽略了植被排除水的体积对体积力 $g\partial H/\partial x$ 的影响，因为这种影响非常小。除此之外，与植被拖曳力相比，黏性应力 $\upsilon \partial u'/\partial z$ 及床面拖曳力的影响也可忽略不计。图 3.15 给出了 $x=3.2$ m 附近断面拖曳力系数 $C_d(z)$ 的垂向分布，从图中可以看出，拖曳力系数在相对水深 $z/h_v=0.5$ 以下，越接近床面越大，这是因为在植被层内，流速较小，水流雷诺数小，水流的黏性作用越来越明显，这与 Nepf 和 Vivoni（2000）得出的结论相似。与 Nepf 和 Vivoni（2000）试验结果不同的是，在

$z/h_v=0.5$ 以上，拖曳力系数随着水深的增加而增加，关于拖曳力系数增加的原因还有待探讨。而 Nepf 和 Vivoni（2000）得到的是拖曳力在中间段保持不变，直至 $z/h_v>0.8$，此后拖曳力系数随着水深的增加而减小，这是由于 Nepf 和 Vivoni（2000）的试验中植被的阻水面积虽然没变，但接近水面处的物形阻力减缓。

2. 时均流速与应力分析

为了便于观察柔性淹没植被对水流结构的影响，本次试验同样对未进入植被区的某一断面的流速进行了测量，结果如图 3.16 所示，时均流速沿垂向的分布表现为 J 形，这表明无植被的明渠水流的时均流速的垂向分布满足半对数律关系，即 Von Karmn-Prandtl 关系。方便起见，将垂向距离 z 和时均流速分别用植被弯曲高度 h_v 与摩阻流速 u_* 无量纲化。摩阻流速 u_* 的表达式为

$$u_* = \sqrt{gRi} \tag{3.89}$$

$$u_*^2 = -\tau_i / \rho = \max\left(-\langle \overline{u'w'} \rangle\right) \tag{3.90}$$

式中：g 为重力加速度；R 为水力半径；i 为能量坡度，近似用底坡 S_0 代替；τ_i 为植被层顶端的切应力；ρ 为水的密度；$-\langle \overline{u'w'} \rangle$ 为雷诺应力。

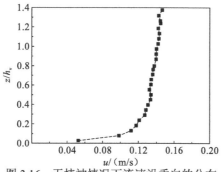

图 3.16　无植被情况下流速沿垂向的分布

受植被层的影响，植被的存在改变了纵向时均流速沿垂向的分布，时均流速沿垂向的分布由原来的 J 形变为 S 形，流速分布在植被层顶端以下出现拐点，流速梯度达到最大值，如图 3.17 所示。图 3.17 中为三种工况下典型断面（$x=390\,\mathrm{cm}$ 处左右）无量纲化时均流速 $\overline{u}/u_*$ 随相对水深 z/h_v 的分布情况，其中 z 为与槽底的距离，h_v 为植被弯曲高度。从图 3.17 中可以看出，在植被层内，工况二和工况三的流速分布相似，而工况一的流速较大，这说明在植被层内，无量纲化时均流速与水深无关，只与植被密度有关，植被密度越大，流速越小。而在非植被层，三种工况下的无量纲化时均流速比较接近，说明在非植被层流速与植被密度无关。根据试验结果，也可将时均流速分为三个区。

（1）植被层内部：这一区的流速垂向分布为 S 形，这种分布与植被自身结构有关。植被下部类似一个简单柱体，阻水面积较小，而中部以上叶片散开，阻水面积增大。当水流流经植被时，上部水流受到的阻力较大，流速迅速减小，而下部水流所受阻力较小，因而速度变化较小，甚至近似为常数。上部时均流速大，下部时均流速小，流速梯度

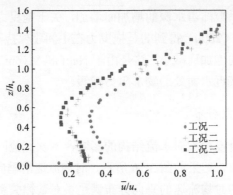

图 3.17 不同工况的流速沿垂向分布的特点

（$\partial u / \partial z$）出现负值。在靠近植被基部处，速度存在一个局部极大值，这是因为植被基部附近阻水面积最小，植被吸收的水流能量最少，流速较大；而在向下接近槽底的地方，水流由于受到槽底的黏性作用，流速又迅速减小，时均流速梯度由负变为正。

（2）植被层顶部附近：由于植被的阻力作用，植被层速度较小，非植被层速度较大，植被层顶端附近产生剪切层。从图 3.17 可以看出，植被层上方流速近似呈对数分布，植被层顶端附近表现出强烈的剪切作用，植被层内部流速减小，流速梯度出现负值。这是由于植被层顶端剪切摩擦消耗大量能量，流速急剧减小。

（3）植被层上部：这一部分水流类似于普通明渠流，流速垂向分布呈 J 形，符合 Von Karmn-Prandtl 关系，水流结构类似于边界层。

随着对紊流的探讨越来越深入，更多的学者开始研究有植被河道紊流中的雷诺应力和紊动强度。紊动强度为脉动值的均方根，即紊动强度 $u_{i,\text{rems}} = \sqrt{\overline{u_i'^2}}$，可以用来表示脉动流速的大小。事实证明，植被的存在不仅改变了流场，而且引起了雷诺应力和紊动强度的变化，流速与雷诺应力的对应变化如图 3.18 所示，选取工况三中 $x=380$ cm 处的断面为典型断面。

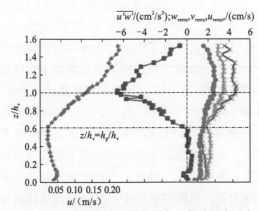

图 3.18 典型断面流速、雷诺应力、紊动强度垂向分布图

由于水流阻力的不连续性，植被层冠顶处产生了强烈的剪切层，雷诺应力在冠顶处起到很重要的作用。植被层顶端附近强烈的动量垂向交换使得紊动切应力有一部分入侵到植被层内。定义植被层内紊动切应力衰减到最大值的 10%处的水深为入侵水深

h_p。从图 3.18 可以看出，雷诺应力在冠顶处达到最大值，并且逐渐向渠底和自由水面方向减小。雷诺应力在植被层以上与淹没度呈线性关系，并在顶部最大，说明冠顶处水流与非植被层水流存在很强的剪切作用。在植被层内雷诺应力急剧减小，并在入侵水深 $z/h_v=h_p/h_v=0.6$ 处以下，雷诺应力趋近于零，水流中的压力梯度与植被拖曳力平衡。在下方接近床面处（$0.1<z/h_v<0.3$），雷诺应力出现负值，这种反梯度现象可能与大尺度或中尺度环流的压力梯度有关。

对于紊动强度，从试验结果可以知道，纵向、横向及垂向紊动强度也在植被层顶部取得最大值，并向水面和渠底减小，说明在冠顶处有强烈的动量交换，在植被层顶端附近水流的紊动强度从大到小的顺序依次为纵向紊动强度、横向紊动强度、垂向紊动强度。植被层顶端处阻力的不连续使得此处产生了涡街，这种涡街造成了水流强烈的、周期性的振荡和动量运输，具体表现为纵向流速和垂向雷诺应力的振荡。图 3.19 给出了三种工况下典型断面（$x=390$ cm 附近）冠顶处纵向流速和垂向雷诺应力的时间序列图。雷诺应力 $u'w'(t)$ 可以用来表示单位面积、单位质量流体的垂向动量运输，从图 3.19 中可以看出，垂向动量运输是由相干涡结构主导的，每一次强扫掠后面都伴随着一次弱猝发，说明在植被层顶端水流主要有两种流态，即猝发和扫掠，且以扫掠为主。纵向流速振荡的频率与涡传播的频率相同，三种工况下涡的频率为 0.17 Hz、0.20 Hz、0.11 Hz，动量运输振荡的频率为两倍的涡频率。流速和植被密度的增加会增强水流的紊动强度，紊动强度越大，涡的频率越快。由于工况二植被密度和流速最大，故其频率最大，而工况三虽然植被密度大，但纵向流速较小，所以涡的频率也较小。

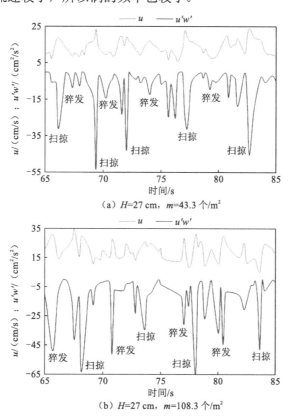

（a）$H=27$ cm，$m=43.3$ 个/m²

（b）$H=27$ cm，$m=108.3$ 个/m²

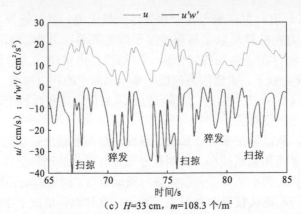

（c）H=33 cm，m=108.3 个/m^2

图 3.19　典型断面冠顶处纵向流速、雷诺应力随时间的变化图

3.3.3　水流紊动运动特性

植被的存在诱导形成了相干涡结构，改变了水流的时均流速、时均雷诺应力、紊动强度等的分布，这些因素对水流物质、动量运输有很大影响，如污染物的扩散、泥沙沉降等，研究植被水流中的相干涡结构具有很重大的意义。能谱分析法是分析水流紊动结构的传统方法之一，本小节将使用能谱分析法对柔性淹没植被水流中的涡结构进行分析。

1. 能谱分析基本理论

单位流体质量的紊动能 k 是许多尺度不一的涡所含有的动能的综合，紊动能 k 在不同运动尺度之间的分布通常表示为波数 κ_{wave} 的函数。波数与波长 λ_{wave} 的关系为

$$\kappa_{wave} = \frac{2\pi}{\lambda_{wave}} \tag{3.91}$$

在波数空间定义紊动能谱密度函数为 $E(\kappa_{wave}, t)$，则 $E(\kappa_{wave}, t)\mathrm{d}t$ 是 κ_{wave} 到 $\kappa_{wave} + \mathrm{d}k$ 之间紊动能的份额，即

$$E(\kappa_{wave}, t) = \frac{\mathrm{d}k}{\mathrm{d}\kappa_{wave}} \tag{3.92}$$

用紊动能谱密度函数表示的紊动能及其耗散率为

$$k = \frac{1}{2}\overline{u_i'u_i'} = \int_0^\infty E(\kappa_{wave}, t)\mathrm{d}\kappa_{wave} \tag{3.93}$$

$$\varepsilon = \upsilon\overline{\frac{\partial u_i'u_i'}{\partial x_k \partial x_k}} = \int \mathrm{d}\varepsilon = 2\upsilon\int_0^\infty \kappa_{wave}^2 E(\kappa_{wave}, t)\mathrm{d}\kappa_{wave} \tag{3.94}$$

研究表明，绝大部分的紊流耗散过程发生在高波数（小尺度脉动）范围内，而紊流的能量集中在低波数（大尺度脉动）范围内。将脉动速度看成不同频率或波数谐波的叠加，按照不同波数谐波速度分量相应的脉动能的大小，可以得到如图 3.20 所示的紊动能谱曲线 $E_f(k)$。柯尔莫哥洛夫将能谱曲线分成了三个区域：大涡区、惯性子区及耗散区。在高雷诺数紊流中，大涡区的大尺度涡结构具有一定的相关性，耗散区的小涡可以看作

各向同性，位于大涡区和耗散区之间的为惯性子区，这一区内可忽略水流的黏性耗散。

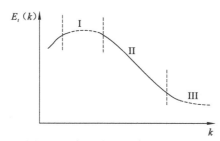

图 3.20　紊流脉动能谱分区示意图

Ⅰ 为大涡区；Ⅱ 为惯性子区；Ⅲ 为耗散区

在平衡区内，两个重要的控制参数是 ε 和 υ，将紊动能的谱密度函数 $E(\kappa_{\text{wave}},t)$ 写成如下形式（对某一瞬时而言）：

$$E_t=f(\kappa_{\text{wave}},\varepsilon,\upsilon) \tag{3.95}$$

设小涡尺寸为 η，小涡特征速度为 v，采用量纲分析方法，将谱密度函数化为无量纲的形式，得

$$\overline{f}(\kappa_{\text{wave}}\eta)=\frac{E_t}{(\varepsilon\upsilon^5)^{1/4}}=\frac{E_t}{v^2\eta} \tag{3.96}$$

$$v\sim(\upsilon\varepsilon^3)^{1/4} \tag{3.97}$$

$$\eta\sim(\upsilon^3\varepsilon)^{1/4} \tag{3.98}$$

在含能涡区，紊流运动与分子黏性无关，大涡的能量可以用大涡特征速度 u_{char} 的平方表示，则类似地可以写出谱密度函数的形式，为

$$E_t=F(\kappa_{\text{wave}},u_{\text{char}}) \tag{3.99}$$

由前述能量耗散率 ε 等于能量传输率的结论可知，大涡特征速度 u_{char} 可由紊流能量耗散率 ε 和大涡特征长度 l_{char} 表示：

$$u_{\text{char}}\sim(\varepsilon l_{\text{char}})^{1/3} \tag{3.100}$$

将式（3.100）代入含能涡区的谱密度函数表达式中，再做无量纲化处理，得

$$E_t=F(\kappa_{\text{wave}},\varepsilon,l_{\text{char}}) \tag{3.101}$$

$$\overline{F}(\kappa_{\text{wave}}l_{\text{char}})=\frac{E_t}{(\varepsilon^2 l_{\text{char}}^5)^{1/3}} \tag{3.102}$$

注意到，在能谱密度图中，含能涡区的小尺度端（右端）与平衡区的大尺度端（左端）存在一个重叠区，或者就是同一个区，则由式（3.96）和式（3.102）可得

$$E_t=(\varepsilon\upsilon^5)^{1/4}\overline{f}(\kappa_{\text{wave}}\eta)=(\varepsilon^2 l_{\text{char}}^5)^{1/3}\overline{F}(\kappa_{\text{wave}}l_{\text{char}}) \tag{3.103}$$

进一步整理式（3.103），可得

$$(\kappa_{\text{wave}}\eta)^{5/3}\overline{f}(\kappa_{\text{wave}}\eta)=(\kappa_{\text{wave}}l_{\text{char}})^{5/3}\overline{F}(\kappa_{\text{wave}}l_{\text{char}})=A_{\text{char}} \tag{3.104}$$

由式（3.104）可见，等式两边表达式的形式相同，分别是 $\kappa_{\text{wave}}\eta$ 和 $\kappa_{\text{wave}}l_{\text{char}}$ 的函数，所以应该是一个常数，用 A_{char} 表示，然后代入式（3.96）或式（3.102）得

$$(\kappa_{\text{wave}}\eta)^{5/3}\overline{f}(\kappa_{\text{wave}}\eta)=(\kappa_{\text{wave}}l_{\text{char}})^{5/3}\overline{F}(\kappa_{\text{wave}}l_{\text{char}})=A_{\text{char}} \tag{3.105}$$

$$E_t = A_{\text{char}} \varepsilon^{2/3} \kappa_{\text{wave}}^{5/3} \tag{3.106}$$

式（3.106）即著名的柯尔莫哥洛夫紊动能谱-5/3 幂次律，表明在-5/3 幂次律成立的波数段，分子黏性不起作用，能量输运没有耗散，$E_t = E(\kappa_{\text{wave}}, \varepsilon)$，称此区域为惯性子区，平衡区的其余部分称为耗散区。

2. 植被水流能谱分析

由于植被的阻力作用，植被层与非植被层存在较大的速度差，速度的垂向分布发生弯曲，产生拐点，植被层顶端形成一个剪切层。在剪切层内，由开尔文-亥姆霍兹不稳定性引发水流紊动，产生不断向下游发展的相干涡结构，其尺度会随着涡向下游的传播逐渐变大，直至水流紊动能的耗散项超过产生项。涡结构会诱导植被层顶端处流速的周期性波动，并主导着动量的垂向运输。速度周期性的振荡引起植被周期性的摆动，两者振动频率相同，且与涡扩散的频率保持一致。为了研究涡扩散的频率，本节采用能谱分析法，对植被层顶端的垂向脉动流速进行统计分析。

上一部分讨论的是能量谱密度与波数的关系，因波数 κ_{wave} 与频率 f_{wave} 之间存在关系（$\kappa_{\text{wave}} = f_{\text{wave}}/C$，$C$ 为波速，即波数 κ_{wave} 与频率 f_{wave} 成正比），所以能量谱密度与波数 κ_{wave} 的规律也适用于能量谱密度与频率 f_{wave}。由于试验得到的是大量瞬时流速的随机过程，需要对数据进行统计处理。从统计学的角度来看，能谱分析的目的是在一个有限的数据集合内描述一个信号的能量谱密度在频率上的分布，得到信号中能量与频率的关系。一个平稳随机过程 x_n 的能量谱和相关序列通过离散傅里叶变换构成联系，将频率归一化可得

$$S_{xx}(\omega) = \sum_{m=-\infty}^{\infty} R_{xx}(m) \mathrm{e}^{-\mathrm{j}\omega m} \tag{3.107}$$

$$S_{xx}(\omega) = |X(\omega)|^2 \tag{3.108}$$

其中，$X(\omega) = \lim\limits_{N' \to \infty} \dfrac{1}{\sqrt{N'}} \sum\limits_{n=-N'/2}^{N'/2} x_n \mathrm{e}^{\mathrm{j}\omega n}$，$-\pi < \omega \leq \pi$；$S_{xx}(\omega)$ 为谱密度函数；$R_{xx}(m)$ 为频域积分。

使用关系 $\omega = 2\pi f_{\text{wave}}/f_{\text{ss}}$ 可以将 $S_{xx}(\omega)$ 写成物理频率 f_{wave} 的函数，其中 f_{ss} 为采样频率，得到

$$S_{xx}(f_{\text{wave}}) = \sum_{m=-\infty}^{\infty} R_{xx}(m) \mathrm{e}^{-2\pi \mathrm{j} f_{\text{wave}} m/f_{\text{ss}}} \tag{3.109}$$

相关序列可以从能量谱用离散傅里叶变换的逆变换变化求得

$$R_{xx}(m) = \int_{-\pi}^{\pi} \frac{S_{xx}(\omega) \mathrm{e}^{\mathrm{j}\omega m}}{2\pi} \mathrm{d}\omega = \int_{-f_{\text{ss}}/2}^{f_{\text{ss}}/2} \frac{S_{xx}(f) \mathrm{e}^{2\pi \mathrm{j} f_{\text{wave}} m/f_{\text{ss}}}}{f_{\text{ss}}} \mathrm{d}f_{\text{wave}} \tag{3.110}$$

序列 x_n 在整个奈奎斯特间隔上的平均能量可以表示为

$$R_{xx}(0) = \int_{-\pi}^{\pi} \frac{S_{xx}(\omega)}{2\pi} \mathrm{d}\omega = \int_{-f_{\text{ss}}/2}^{f_{\text{ss}}/2} \frac{S_{xx}(f_{\text{wave}})}{f_{\text{ss}}} \mathrm{d}f_{\text{wave}} \tag{3.111}$$

式（3.111）中的 $P_{xx}(\omega) = S_{xx}(\omega)/2\pi$ 及 $P_{xx}(f_{\text{wave}}) = S_{xx}(f_{\text{wave}})/f_{\text{ss}}$ 被定义为平稳随机信号的能量谱密度。一个信号在频带 $[\omega_1, \omega_2]$（$0 \leq \omega_1 \leq \omega_2 \leq \pi$）上的平均能量可以通过对能量谱密度在频带上积分求出，即

$$\overline{P}_{[\omega_1,\omega_2]} = \int_{\omega_1}^{\omega_2} P_{xx}(\omega)\mathrm{d}\omega + \int_{-\omega_2}^{-\omega_1} P_{xx}(\omega)\mathrm{d}\omega \tag{3.112}$$

从式（3.112）可以看出，$P_{xx}(\omega)$ 是一个信号在无穷小频带上的能量浓度，这也是它被定义为能量谱密度的原因。能量谱密度反映了信号的能量在频域内随频率 f_{wave} 的分布，一般不能直接计算，因此在现实中通常采用能量谱密度函数的某种估计。

对植被顶端处流速进行采样，提取出垂向脉动流速序列，利用 MATLAB 中的快速傅里叶变换对连续变化的垂向脉动流速信号进行频谱分析。在应用快速傅里叶变换进行能谱分析时，需要确定的参数主要有采样周期 T_{m}、采样频率 f_{ss}、截取信号长度 t_{p} 和采样点数 N_{m}，它们之间的关系可以用式（3.113）来表示：

$$t_{\mathrm{p}} = N_{\mathrm{m}}T_{\mathrm{m}}, \qquad \Delta f_{\mathrm{wave}} = f_{\mathrm{ss}}/N_{\mathrm{m}} = 1/N_{\mathrm{m}}T_{\mathrm{m}} = 1/t_{\mathrm{p}} \tag{3.113}$$

本次试验每个测点采样 6 000 次，故取 $N_{\mathrm{m}}=4\,096$，$f_{\mathrm{ss}}=50$，$T_{\mathrm{m}}=1/f_{\mathrm{ss}}=0.02\mathrm{s}$，$t_{\mathrm{p}}=81.92\ \mathrm{s}$。

作出植被层顶端垂向脉动流速的能谱曲线（图 3.21），发现其能谱曲线也能分为三区，即大涡区、惯性子区和耗散区，在惯性子区内，能谱曲线满足柯尔莫哥洛夫紊动能谱-5/3幂次律。

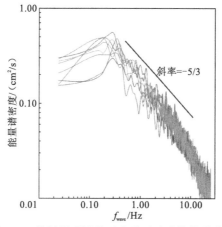

图 3.21　植被层顶端处垂向脉动流速的能谱曲线

以平均流速 $\overline{U}$ 和动量厚度 θ_{mom} 为标准，将计算得到的频率值无量纲化，得到一个无量纲的 strouhal 数 $f_{\mathrm{wave}}\theta_{\mathrm{mom}}/\overline{U}$。其中，平均流速 $\overline{U}$ 为植被层内平均流速 U_1 与非植被层内平均流速 U_2 的算术平均值，即 $\overline{U}=1/2(U_1+U_2)$，$U_1$、$U_2$ 的大小如图 3.22 所示。在以往的研究中，植被常采用形态规则的玻璃棒，植被阻力分布均匀，植被层内流速趋近于常数，U_1 较好取值；而在本次试验中，植被形态上密下疏，导致植被阻力上大下小，植被层内流速分布呈 S 形，这使 U_1 的取值变得较为复杂。本节将渠底到植被层内流速梯度突然增大的点这一区间作为计算平均流速 U_1 的区域，将该区域内的流速进行垂线平均得到 U_1。U_2 的取值还是与以往的研究一样，将非植被区流速进行垂向平均。植被层与非植被层的速度差 $\Delta U = U_2 - U_1$。定义动量厚度 θ_{mom} 为

$$\theta_{\mathrm{mom}} = \int_{-\infty}^{\infty}\left[\frac{1}{4}-\left(\frac{u-\overline{U}}{\Delta U}\right)^2\right]\mathrm{d}z \tag{3.114}$$

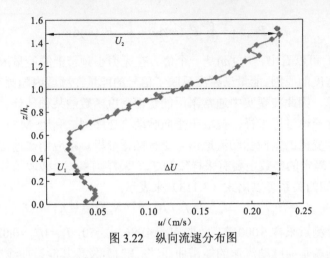

图 3.22　纵向流速分布图

由式（3.114）可以得到动量厚度 θ_{mom} 与纵向流速 u 及水深 H 有关，图 3.23 给出了不同工况下动量厚度 θ_{mom} 沿纵向的变化，可以看到动量厚度先沿程增大，在某一处达到稳定后基本不变。相同水深情况下，工况一与工况二的动量厚度 θ_{mom} 比较接近，但工况一略小于工况二，这可能是因为工况二的植被密度虽然增加，但由于水槽坡度变陡，纵向流速变大，最终动量厚度 θ_{mom} 不减反增。而当水深增加时，动量厚度明显变大，说明水深对动量厚度的影响明显大于流速对动量厚度的影响。

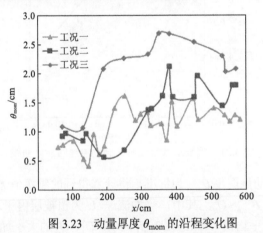

图 3.23　动量厚度 θ_{mom} 的沿程变化图

利用 MATLAB 将植被层顶部的垂向脉动流速进行傅里叶变换，并将频率无量纲化，可以得到垂向脉动流速的能谱曲线，如图 3.24 所示。能谱曲线中的峰值表示混合层中的相干涡结构扩散的频率大部分集中在这一区，即峰值所对应的频率代表了涡扩散的主频率。从图 3.24 中可以看出，涡在沿程发展、传播的过程中，主频率基本保持不变。当水深相同，密度不同时，能谱曲线峰值基本集中在 $f_{wave}\theta_{mom}/\bar{U}=0.027$；当水深增加时，能谱曲线峰值集中在 $f_{wave}\theta_{mom}/\bar{U}=0.040$。这可能是因为，水深增加后，动量厚度 θ_{mom} 增大，从而 $f_{wave}\theta_{mom}/\bar{U}$ 增大。与刚性植被无论在什么条件下始终保持 $f_{wave}\theta_{mom}/\bar{U}=0.032$ 不同，柔性植被的 $f_{wave}\theta_{mom}/\bar{U}$ 随水流发生改变，可能是因为刚性植被形态固定，且不会随水流摇摆，而柔性植被形态不规则，会随水流摆动，更具有随机性。

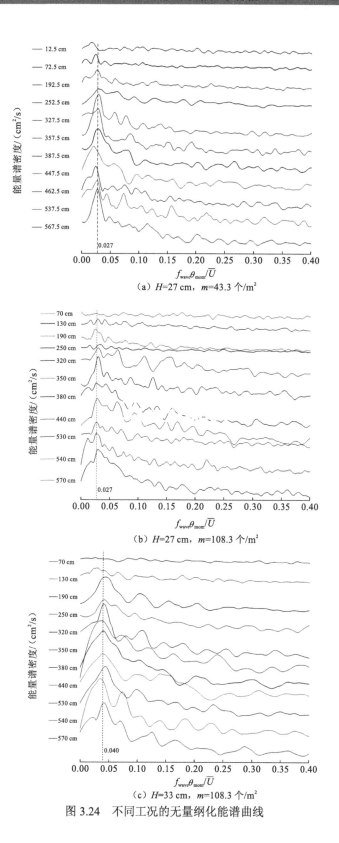

（a）$H=27\text{ cm}$，$m=43.3$ 个/m^2

（b）$H=27\text{ cm}$，$m=108.3$ 个/m^2

（c）$H=33\text{ cm}$，$m=108.3$ 个/m^2

图 3.24　不同工况的无量纲化能谱曲线

3.4　本　章　小　结

在天然环境中，柔性植被占据相当大的比重。相比刚性植被，柔性植被在水流作用下会发生不同程度的弯曲，从而造成植被作用下的水流结构非常复杂，3.1 节基于悬臂梁理论阐述柔性植被条件下的水流运动特性，3.2 节在此基础上推导出倒伏植被环境下的水流运动特性，3.3 节针对形状不规则的莎草环境下的水动力特性开展深入探讨。

本章的主要成果和结论归纳如下。

（1）针对柔性植被作用下的明渠植被水流，采用悬臂梁理论研究得出柔性植被的弯曲特性，并给出植被小弯曲情况下的水流纵向流速的垂向分布解析解模型。其中，将淹没柔性植被存在时的明渠水流在垂向上分为植被层和自由水层分别进行研究。在植被层中，应用悬臂梁理论推导出植被弯曲后各点的角度及弯曲后的高度。然后，将植被阻力和雷诺应力的表达式代入水流控制方程求解得到流速的解析解。其中：与刚性植被的阻力不同，弯曲柔性植被在水流方向上的阻力为拖曳力与摩擦阻力的合力；对于植被层的雷诺应力，当植被弯曲程度较小时，雷诺应力符合指数分布的形式，所以求解控制方程得到的流速解析解适用于植被发生小弯曲的情况。在自由水层中，为满足流速梯度在水面为零的条件，推导求解出流速分布的多项式表达式，与传统的对数流速表达式相比，该多项式表达式可以更好地符合实际情况。

（2）对于植被在水流中发生大弯曲变形的情况（倒伏状态），提出了新的植被阻力公式，推导并得到了该情况下水流纵向流速的垂向分布解析解。当水流流速较大或者植被柔性较高时，植被会发生大挠度的弯曲变形，在这种情况下，植被层中的雷诺应力不再符合指数分布的形式，所以在植被小弯曲情况下得到的水流流速解析解在这里不适用。试验结果表明，植被弯曲程度较大时，其对水流的阻力会减小，并与水流的纵向流速近似呈线性关系，基于这个现象，本章提出了新的植被阻力公式，并通过引入植被层和自由水层的卡门系数，得到流速分布的解析解。并且该解析解模型能够很好地吻合试验所得的实测流速。

（3）对于形状不规则的莎草，根据植被数和正面阻水面积求得植被密度，植被密度在植被中部达到最大值，向渠底和植被层顶部方向减小。由于植被层与非植被层的阻力不连续，纵向时均流速的垂向分布发生弯曲，产生拐点，从而诱导植被层顶部产生了相干涡结构。纵向流速的垂向分布从 J 形变成了 S 形，根据流速分布，将水流分为三个区，即植被层内部、植被层顶部附近及植被层上部。根据频谱分析，植被层顶端垂向脉动流速的能谱曲线满足柯尔莫哥洛夫紊动能谱-5/3 幂次律。用混合层平均流速 $\bar{U}$ 及动量厚度 θ_{mom} 将能谱曲线中的频率无量纲化，得到新的能谱曲线，其中动量厚度的变化规律与混合层厚度的变化规律一致。相同水深、不同密度条件下的无量纲化能谱曲线峰值集中在 0.027；而相同密度、不同水深条件下的无量纲化能谱曲线峰值集中在 0.040。刚性植被的主频率在不同条件下都保持不变，柔性淹没植被水流涡的主频率会随条件的不同而发生变化，可能是因为柔性植被形态不定且会随水流摆动，更具有随机性。

第4章 漂浮植被环境水力学特性

漂浮植被作用下的明渠水流特性和淹没植被、非淹没植被水流有着很大不同，漂浮植被和河床之间存在一定的间隙区域，漂浮植被水流受植被阻力和河床阻力的综合作用。漂浮植被枝叶吸收了水生生态系统大部分的氧气和阳光，限制了水体的流动，减少了水体中的溶氧量，抑制了浮游生物的生长，同时漂浮植被发达的根系吸收水体中的营养物质，破坏了河道的生态环境。在我国，太湖、滇池及武汉东湖等地均出现过水葫芦泛滥成灾的情况，大面积的漂浮植被会阻碍河道、湖泊航运和渠道灌溉，耗费巨资也很难根治。但是，漂浮植被也有其有利的一面。水葫芦能吸收水体中大量的氮、磷及某些重金属元素，对净化含有机物较多的工业废水或生活污水的水体效果显著，同时也是监测环境污染的良好植物，并且其对砷敏感，可用来监测水体中是否存在砷超标的问题，还可以净化水中汞、镉、铅等有害物质，因此其可用于污水处理和净化系统。目前，有关漂浮植被对湿地环境影响的研究大多是从生态学角度着手，而关于漂浮植被水流的水动力学特性的研究较少，本章针对漂浮植被环境下的水力学特性开展研究。

4.1 模型构建

4.1.1 控制方程

基于 Meijer（1998）的试验数据，Oberez（2001）对三维刚性植被的水动力模型进行研究。其中，植被阻力表示为

$$F(z) = \frac{1}{2}\rho C_d \phi(z) n(z) |u(z)| u(z) \tag{4.1}$$

式中：ρ 为水的密度；C_d 为植被拖曳力系数；$\phi(z)$ 为单个植被的挡水宽度；$n(z)$ 为单位面积内的植被数；$u(z)$ 为纵向流速。

植被拖曳力系数采用 Cheng（2011）提出的公式：

$$C_d = \frac{130}{[\pi(1-\lambda)D/(4\lambda)(gi/\nu^2)^{1/3}]^{0.85}} + 0.8\left\{1 - \exp\left[-\frac{\pi(1-\lambda)D/(4\lambda)(gi/\nu^2)^{1/3}}{400}\right]\right\} \tag{4.2}$$

其中，$\lambda = (\pi Da)/4$。

考虑植被影响后的动量方程变为

$$\frac{\partial u}{\partial t} + \frac{u}{\sqrt{G_{\xi\xi}}}\frac{\partial u}{\partial \xi} + \frac{v}{\sqrt{G_{\eta\eta}}}\frac{\partial u}{\partial \eta} + \frac{\omega}{d+\zeta}\frac{\partial u}{\partial \sigma} - \frac{v^2}{\sqrt{G_{\xi\xi}}\sqrt{G_{\eta\eta}}}\frac{\partial\sqrt{G_{\eta\eta}}}{\partial \xi} + \frac{uv}{\sqrt{G_{\xi\xi}}\sqrt{G_{\eta\eta}}}\frac{\partial\sqrt{G_{\xi\xi}}}{\partial \eta} - fv$$
$$= -\frac{1}{\rho\sqrt{G_{\xi\xi}}}P_\xi + F_\xi + \frac{1}{(d+\zeta)^2}\frac{\partial}{\partial \sigma}\left(\upsilon_V \frac{\partial u}{\partial \sigma}\right) + M_\xi + F_\xi(z) \tag{4.3}$$

$$\frac{\partial v}{\partial t} + \frac{u}{\sqrt{G_{\xi\xi}}}\frac{\partial v}{\partial \xi} + \frac{v}{\sqrt{G_{\eta\eta}}}\frac{\partial v}{\partial \eta} + \frac{\omega}{d+\zeta}\frac{\partial v}{\partial \sigma} + \frac{uv}{\sqrt{G_{\xi\xi}}\sqrt{G_{\eta\eta}}}\frac{\partial\sqrt{G_{\eta\eta}}}{\partial \xi} - \frac{u^2}{\sqrt{G_{\xi\xi}}\sqrt{G_{\eta\eta}}}\frac{\partial\sqrt{G_{\xi\xi}}}{\partial \eta} + fu$$
$$= -\frac{1}{\rho\sqrt{G_{\eta\eta}}}P_\eta + F_\eta + \frac{1}{(d+\zeta)^2}\frac{\partial}{\partial \sigma}\left(\upsilon_V \frac{\partial v}{\partial \sigma}\right) + M_\eta + F_\eta(z) \tag{4.4}$$

式中：d 为参考面以下的深度；ξ 和 η 分别为水平坐标和曲线坐标；$G_{\xi\xi}$ 和 $G_{\eta\eta}$ 分别为在 ξ 和 η 方向上将曲线坐标转换为直角坐标的系数；P_ξ 和 P_η 分别为 ξ 和 η 方向上的压力梯度；F_ξ 和 F_η 分别为漂浮植被在 ξ 和 η 方向上产生的阻力；υ_V 为垂向涡动黏滞系数；M_ξ 和 M_η 分别为 ξ 和 η 方向上的动力源或动力汇；σ 为按比例缩小的垂直坐标；ζ 为参考面平以上的自由表面高程。

在 k-ε 方程中也要考虑植被影响，在紊动能方程中插入额外的源项 T：

$$\frac{\partial k}{\partial t} = \frac{1}{1-A_p}\frac{\partial}{\partial z}\left[(1-A_p)\left(\upsilon + \frac{\upsilon_t}{\sigma_k}\right)\frac{\partial k}{\partial z}\right] + T + P_k - B_k - \varepsilon_k \tag{4.5}$$

式中：P_k 为紊动能方程中的生成项；B_k 为紊动能方程中的浮力项；ε_k 为紊动能方程中的耗散系数；υ_t 为运动黏滞系数；σ_k 为经验系数。

在耗散率方程中插入 $T\tau^{-1}$：

$$\frac{\partial \varepsilon}{\partial t} = \frac{1}{1-A_p} \frac{\partial}{\partial z} \left[(1-A_p) \left(\upsilon + \frac{\upsilon_t}{\sigma_k} \right) \frac{\partial \varepsilon}{\partial z} \right] + T\tau^{-1} + P_\varepsilon - B_\varepsilon - \varepsilon_\varepsilon \tag{4.6}$$

式中：P_ε 为耗散率方程中的生成项；B_ε 为耗散率方程中的浮力项；ε_ε 为耗散率方程中的耗散系数。

植被的水平截面面积 $A_p(z)$ 为

$$A_p(z) = \frac{\pi}{4} \phi^2(z) n(z) \tag{4.7}$$

$$T(z) = F(z)u(z) \tag{4.8}$$

$$\tau = \min\{\tau_{free}, \tau_{veg}\} \tag{4.9}$$

其中，自由紊流的耗散率时间尺度为

$$\tau_{free} = \frac{1}{c_{2\varepsilon}} \frac{k}{\varepsilon} \tag{4.10}$$

由植被引起的涡体耗散率时间尺度为

$$\tau_{veg} = \frac{1}{c_{2\varepsilon} \sqrt{c_\mu}} \sqrt[3]{\frac{L(z)^2}{T}} \tag{4.11}$$

$$L(z) = C_1 \sqrt{\frac{1-A_p(z)}{n(z)}} \tag{4.12}$$

这里，$C_1 = 0.8$（赵芳，2017），其中，$c_{2\varepsilon}$ 和 c_μ 为经验参数。

4.1.2 网格尺度

x、y 方向上的网格尺度为 5 cm，z 方向上的网格尺度较小，小于 1 cm。因本节需要验证模型并研究较长的漂浮植被区域，有三种计算区域（赵芳，2017）。第一种为验证 Plew（2010）的六种工况，计算区域在 x、y、z 方向上分别为 6 m、0.6 m、0.36 m，网格数量为 120×12×40；第二种为在武汉大学水资源与水电工程科学国家重点实验室进行的试验工况 Case A，计算区域为 20 m×0.6 m×0.36 m，网格数量为 400×12×40；第三种为主要的研究工况，见表 4.1，计算区域为 40 m×0.6 m×0.36 m，网格数量为 800×12×40，其中植被区长度达 30 m，植被区上游 10 m 为过渡区，并保证水流在进入植被区之前已达到充分发展。

表 4.1 试验条件

Case	$Q/$（L/s）	平均流速 $U_m/$（cm/s）	$H/$cm	下层水体高度 $h_g/$cm	侵入水体的植被高度 $h_c/$cm	h_g/H	$a/$m^{-1}	C_d
1	19.1	8.843	36	6	30	0.167	3.2	1.208
2	25.5	11.806	36	11	25	0.306	3.2	1.208
3	34.9	16.157	36	18	18	0.500	3.2	1.208
4	47.9	22.176	36	24	12	0.667	3.2	1.208
5	72.5	33.565	36	30	6	0.833	3.2	1.208

续表

Case	$Q/$（L/s）	平均流速 $U_m/$（cm/s）	H/cm	下层水体高度 h_g/cm	侵入水体的植被高度 h_c/cm	h_g/H	a/m^{-1}	C_d
6	57.0	26.389	36	18	18	0.500	0.8	0.983
7	44.9	20.787	36	18	18	0.500	1.6	1.086
8	23.0	10.648	36	18	18	0.500	10.0	1.946
9	22.6	10.463	36	18	18	0.500	20.0	3.340

4.1.3　边界条件

对于验证工况，计算时采用相应的试验条件，即 Plew（2010）的六种工况及 Case A，进口边界给定流量、紊动能及耗散率，压强梯度为零，流量 Q 和紊动能 k 都能通过试验值给出，耗散率 ε 可以通过公式 $\varepsilon = c_\mu^{3/4} k^{3/2}/l$ 给出，其中 $l = 0.07H$，H 为水深；出口边界给定水深，压强梯度、紊动能及耗散率设置为零。对于较长植被工况，由于植被区过长，很难在实验室或是野外进行试验，没有对应的试验数据提供边界条件，采用在出口边界处给定水深，在进口边界处给定不同流量的方法进行测试，直到选定一种流量使得植被区的水深的垂向变化不超过 3 mm，此时的流量即计算工况的初始条件。

4.1.4　模型验证

在验证工况下，在植被区中心靠后位置选择 12 条测线，将 12 条测线上的数据进行平均，得到空间平均的时均流速，对无量纲的纵向流速 $\bar{u}/U_m$ 和无量纲的雷诺应力 $\overline{u'w'}/U_m^2$ 进行数据对比，结果见图 4.1 和图 4.2，图中黑色实线代表数值模拟数据，红点代表试验数据。由于漂浮植被水流的雷诺应力 $-\overline{u'w'}$ 的最大值为负值，而淹没植被水流中的雷诺应力为正值，出于习惯，这里和 Plew（2010）一样采用 $\overline{u'w'}$ 来表示雷诺应力。

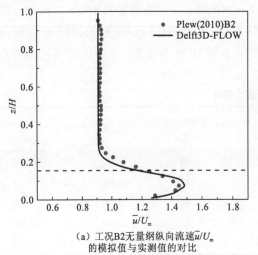
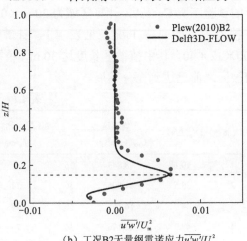

（a）工况B2无量纲纵向流速 $\bar{u}/U_m$ 的模拟值与实测值的对比

（b）工况B2无量纲雷诺应力 $\overline{u'w'}/U_m^2$ 的模拟值与实测值的对比

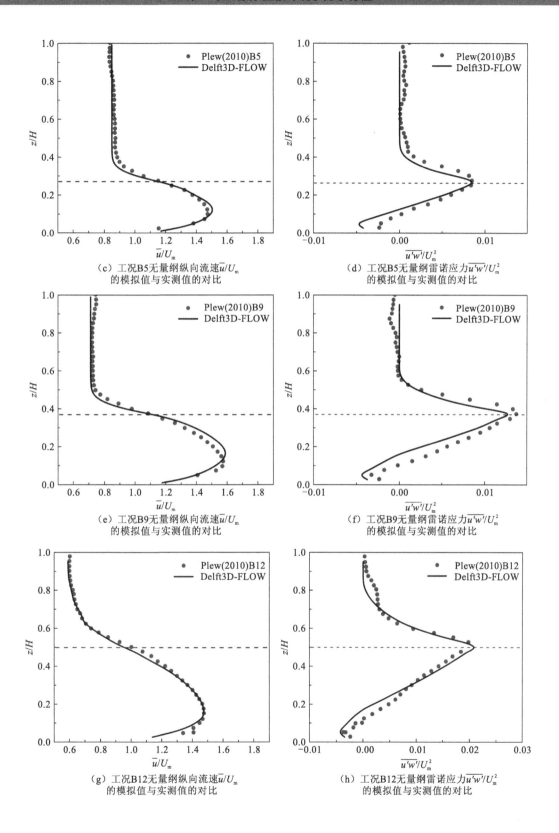

（c）工况B5无量纲纵向流速$\overline{u}/U_\mathrm{m}$
的模拟值与实测值的对比

（d）工况B5无量纲雷诺应力$\overline{u'w'}/U_\mathrm{m}^2$
的模拟值与实测值的对比

（e）工况B9无量纲纵向流速$\overline{u}/U_\mathrm{m}$
的模拟值与实测值的对比

（f）工况B9无量纲雷诺应力$\overline{u'w'}/U_\mathrm{m}^2$
的模拟值与实测值的对比

（g）工况B12无量纲纵向流速$\overline{u}/U_\mathrm{m}$
的模拟值与实测值的对比

（h）工况B12无量纲雷诺应力$\overline{u'w'}/U_\mathrm{m}^2$
的模拟值与实测值的对比

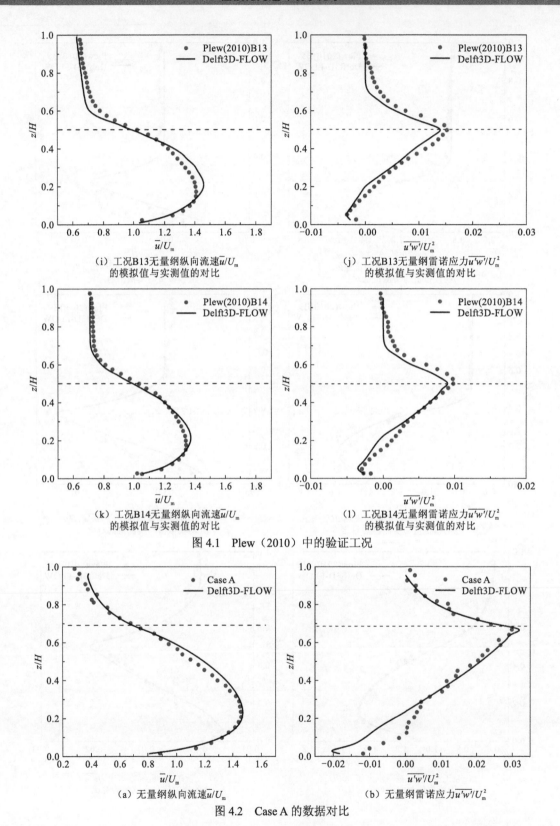

（i）工况B13无量纲纵向流速$\bar{u}/U_{\mathrm{m}}$
的模拟值与实测值的对比

（j）工况B13无量纲雷诺应力$\overline{u'w'}/U_{\mathrm{m}}^2$
的模拟值与实测值的对比

（k）工况B14无量纲纵向流速$\bar{u}/U_{\mathrm{m}}$
的模拟值与实测值的对比

（l）工况B14无量纲雷诺应力$\overline{u'w'}/U_{\mathrm{m}}^2$
的模拟值与实测值的对比

图4.1　Plew（2010）中的验证工况

（a）无量纲纵向流速$\bar{u}/U_{\mathrm{m}}$

（b）无量纲雷诺应力$\overline{u'w'}/U_{\mathrm{m}}^2$

图4.2　Case A 的数据对比

图 4.1 和图 4.2 的结果表明，基于 Delft3D-FLOW 的三维刚性植被模型的数据与试验数据基本吻合，这说明此模型可以有效地模拟漂浮植被的水流，该数值模型的优势在于易实现、地形自适应及计算代价小。

在植被底部及以下区域雷诺应力有些微偏差，在 Yan 等（2016）、Choi 和 Kang（2016）的研究中也出现了类似的误差，他们认为可能的原因是，在试验工况中植被拖曳力在植被区的各个位置并不完全一样，受到多个植被的共同影响；但在数值模型中，植被阻力由公式 $F(z)=\dfrac{1}{2}\rho C_d\phi(z)n(z)|u(z)|u(z)$ 来概化，将植被阻力项在整个植被区内进行了空间平均，与试验工况并不完全一致，故导致了数据对比上的偏差。同时，试验中测量仪器的误差也可能是导致偏差的原因。

4.2　水槽试验

试验工况 Case A 在武汉大学水资源与水电工程科学国家重点实验室长 20 m、宽 0.6 m、高 0.5 m 的水槽中进行，水深 $H=0.36$ m，水槽底坡 $S_0=0.001$。通过阀门和电磁流量计控制水槽中的流量，让其恒定在 26.5 L/s，末端通过可调尾门控制水槽中的水位。刚性植被用有机玻璃棒替代，玻璃棒直径 $d_c=0.008$ m，漂浮植被总长 8 m，侵入水体的植被高度 $h_c=0.11$ m。流速由 ADV 进行测量，ADV 的采样频率为 50 Hz，采样点体积为 0.09 cm³，采样时间为 120 s。

测点布置在 8 m 长植被的中心断面距植被前缘 6 m 的位置，测点在水深方向上的间距为 1 cm。处理数据时删除 ADV 测量的数据信噪比小于 15、相关性系数低于 70% 的流速数据，且采用加速度阈值法对 ADV 数据进行削峰处理。具体试验装置见图 4.3。

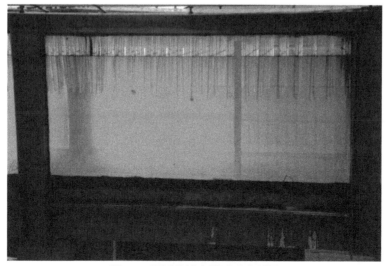

图 4.3　漂浮植被水槽试验装置图

此外，Plew（2010）做了多组试验来研究漂浮植被水流的水动力学特征。Plew（2010）的试验分为两组。第一组水槽试验（A1～A7）在长 12 m、宽 0.75 m 的水槽中进行。用铝制圆柱模拟植被，圆柱直径为 9.54 mm。植被区长 5.1 m，宽 0.75 m，交错排列。采用 ADV 测量流速值，在充分发展区沿宽度方向共有 12 条测线，ADV 采样频率为 25 Hz，采样时间为 120 s。第二组水槽试验（B1～B19）的试验水槽长 6 m，宽 0.6 m。同样用直径为 9.54 mm 的圆柱模拟刚性漂浮植被，它们线性排列，采用粒子图像测速（particle image velocimetry，PIV）系统测量流速。本节选取了第二组试验中 B2、B5、B9、B12、B13 和 B14 工况的数据作为数值模拟的验证工况，见表 4.2。这六种工况具有相同的水深（$H=20$ cm）、不同的植被单位体积投影面积（a）和不同的渠道坡度及流量。

表 4.2 验证工况试验条件

工况	$Q/$（L/s）	空间平均流速 $U_m/$（cm/s）	H/cm	h_g/cm	h_g/H	$gS_0/$（mm/s^2）	a/m^{-1}	C_d
A	26.5	12.000	36	25.0	0.694	0.001	3.200	1.208
B2	7.1	5.917	20	2.5	0.125	1.470±0.07	1.272	0.780
B5	7.8	6.500	20	5.0	0.250	1.170±0.03	1.272	0.640
B9	8.9	7.417	20	7.5	0.375	1.460±0.16	1.272	1.020
B12	10.5	8.750	20	10.0	0.500	1.978±0.01	1.908	1.010
B13	10.1	8.417	20	10.0	0.500	1.528±0.03	1.272	1.070
B14	10.1	8.417	20	10.0	0.500	1.009±0.05	0.954	0.850

4.3 讨论与结论

4.3.1 中心断面的水动力学特性

图 4.4 中清楚地展示了植被层底部附近的混合层及渠底边界层的发展过程。图 4.5～图 4.7 分别展示了 Case 3（$a=3.2$ m^{-1}，$h_c=18$ cm，$H=36$ cm）、Case 4（$a=3.2$ m^{-1}，$h_c=12$ cm，$H=36$ cm）和 Case 8（$a=10$ m^{-1}，$h_c=18$ cm，$H=36$ cm）中心断面纵向流速、垂向流速及雷诺应力的等值图。在植被上游影响区（$x<0$），对于 $z/H>0.3$ 的区域纵向流速 $\bar{u}/U_m=1.1$，在 $z/H<0.3$ 的区域纵向流速逐渐减小直到在渠底处 $\bar{u}/U_m=0$，而垂向流速几乎保持不变。在植被前缘附近，纵向流速和垂向流速出现剧烈变化，首先是纵向流速的分布与植被上游流速相比有明显变化，植被层（$h_g<z<H$）流速逐渐减小，最小流速约为 $0.7U_m$，植被区与渠底之间的间隙区（$z<h_c$）流速增大，最大流速约为 $1.3U_m$；其次是垂向流速的明显变化，在植被前缘位置前后分别出现正的最大值及负的最大值，说明水流进入

植被区时，受到植被阻力作用后，在植被前缘上游流速向上偏转，进入植被后向下偏转，且垂向流速在 $x/H<6$（Case 3）、$x/H<4$（Case 4 和 Case 8）范围内沿程逐渐减小，当 $x/H>6$（Case 3）、$x/H>4$（Case 4 和 Case 8）时，垂向流速的绝对值较小，基本恢复到植被上游的垂向流速值。在垂向流速恢复位置 $x/H=6$（Case 3）、$x/H=4$（Case 4 和 Case 8）对应的间隙区，纵向流速出现最大值，该最大值比充分发展区的流速值更大，在图 4.5（a）、图 4.6（a）、图 4.7（a）中，将纵向流速杏仁状突增区域称为纵向流速局部突增区。

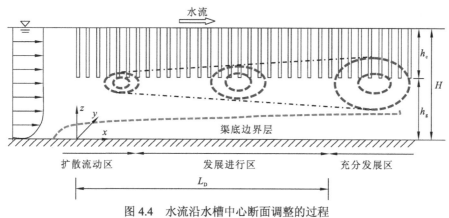

图 4.4　水流沿水槽中心断面调整的过程

L_D 为水流进入植被到充分发展所经历的沿程距离

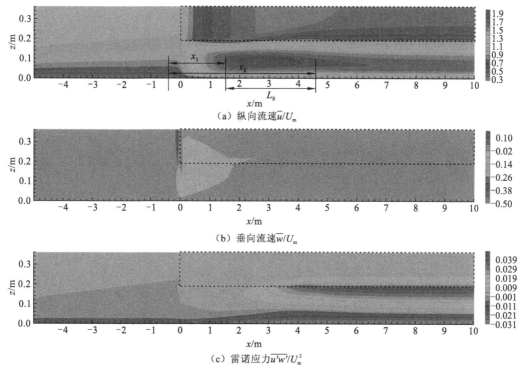

（a）纵向流速 $\overline{u}/U_m$

（b）垂向流速 $\overline{w}/U_m$

（c）雷诺应力 $\overline{u'w'}/U_m^2$

图 4.5　Case 3 的水动力特性等值图

L_E 为局部突增区长度

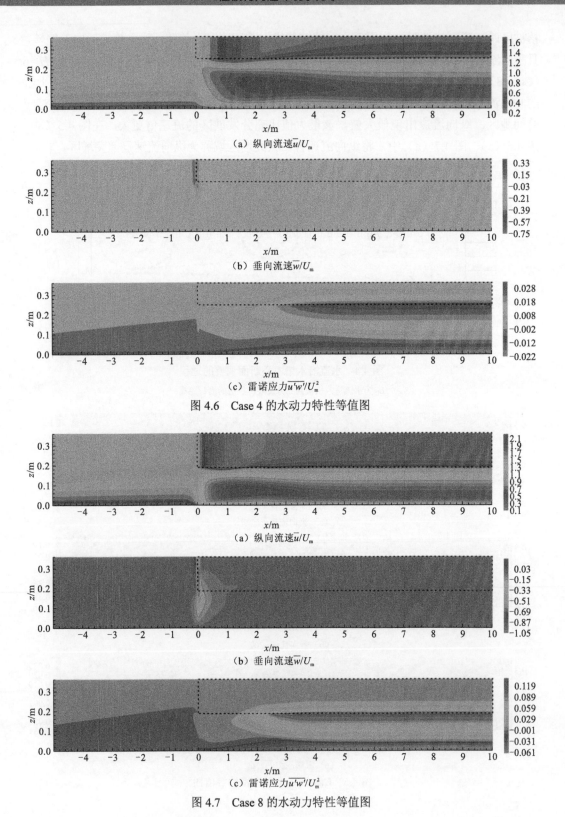

（a）纵向流速$\bar{u}/U_m$

（b）垂向流速$\bar{w}/U_m$

（c）雷诺应力$\overline{u'w'}/U_m^2$

图 4.6　Case 4 的水动力特性等值图

（a）纵向流速$\bar{u}/U_m$

（b）垂向流速$\bar{w}/U_m$

（c）雷诺应力$\overline{u'w'}/U_m^2$

图 4.7　Case 8 的水动力特性等值图

为了定量描述局部突增区的长度尺度，限定条件为 $\bar{u}_E / U_m \geq 1.1 \bar{u}_D / U_m$，$0 \leq z \leq h_g$，其中 $\bar{u}_E$ 为局部突增区的纵向流速，$\bar{u}_D$ 为充分发展的纵向流速，通过以上条件，可以在数值模型数据中确定两个沿程界限 x_1、x_2，见图 4.5（a），定义局部突增区的长度 $L_E = x_2 - x_1$，具体数值见表 4.3。

表 4.3　纵向流速局部突增区长度尺度

参数	Case								
	1	2	3	4	5	6	7	8	9
h_g/H	0.167	0.306	0.5	0.667	0.833	0.5	0.5	0.5	0.5
a/m^{-1}	3.2	3.2	3.2	3.2	3.2	0.8	1.6	10	20
L_E/m	1.1	2.5	3	3.05	2	0.1	0.5	2.1	1.1
L_E/H	3.06	6.94	8.33	8.47	5.56	0.28	1.39	5.83	3.06

图 4.8（a）显示了 Case 1～Case5 相同植被密度（a=3.2 m^{-1}）、不同间隙区高度的漂浮植被下方间隙区内纵向流速局部突增区长度 L_E/H 的变化，除了 Case 5（h_g/H=0.833），局部突增区长度随间隙区高度的增大而增大；图 4.8（b）显示了 Case 3 和 Case 6～Case 9 相同间隙区高度（h_g/H=0.5）、不同植被密度的漂浮植被对局部突增区长度 L_E/H 的影响，随着植被密度的增大，局部突增区长度先增大后减小，在 a=3.2 m^{-1}（Case 3）达到最大值。

在上游影响区，雷诺应力的最大值出现在渠底，沿水深呈线性变化趋势，基本符合明渠雷诺应力的分布规律，在植被前缘附近雷诺应力与上游分布基本一致，变化不明显，这是因为植被对流动二阶矩应力项的影响较一阶矩流速项慢，从垂向流速恢复位置（$x=x_1$），植被底部（$z=H$）的雷诺应力开始明显增大，雷诺应力垂向影响区域主要分布在植被底部（$z=H$）附近；同时，在渠底通过雷诺应力也能明显看到渠底边界层的变化，渠底边界层厚度相对植被底部附近混合层小，在 $x/H>27$ 之后渠底边界层与混合层发展到一个平衡状态。

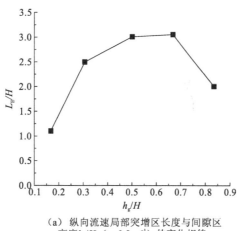

（a）纵向流速局部突增区长度与间隙区
高度 h_g/H（a=3.2 m^{-1}）的变化规律

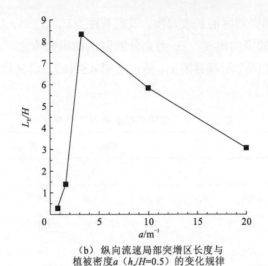

（b）纵向流速局部突增区长度与
植被密度a（h_s/H=0.5）的变化规律

图 4.8　纵向流速局部突增区长度随不同参数的变化规律

4.3.2　混合层和渠底边界层的空间演化

为了探讨充分长漂浮植被水流中混合层及渠底边界层的空间演化，将 Case 3 作为示例展示在图 4.9 中。图 4.9 给出了无量纲纵向流速 $\bar{u}/U_m$ 和雷诺应力 $\overline{u'w'}/U_m^2$（在沿 x 轴的多个位置，即 x/H=2.8~41.7）。

图 4.10 展示了 Brown 和 Roshko（1974）对氮气和氢气两种密度气体紊流混合过程的研究成果，可以明显看到混合层中涡漩的产生和发展，这些涡漩通过混合层主导质量与动量交换，这与本书研究植被水流有异曲同工之妙；Holmes 等（1998）证明混合层中的流速满足双曲正切分布，且混合层在发展的每个阶段都符合开尔文-亥姆霍兹不稳定性。Ghisalberti 和 Nepf（2002）在总结前人诸多研究的基础上定义了淹没植被水流混合层的诸多参数，其中，U_1 表示淹没植被层相对稳定的纵向流速，U_2 表示自由水层相对稳定的纵向流速，$\Delta U = U_2 - U_1$，垂向上的混合层厚度 t_{ml} 定义为流速分布中 $(u - U_1)/\Delta U = 0.01$ 和 $(U_2 - u)/\Delta U = 0.01$ 之间的垂直高度；Okamoto 和 Nezu（2013）也在研究中说明，在淹没植被水流雷诺应力分布图中，应力最大值出现在植被顶部，在植被顶部上下分别取应力最大值的 10% 的位置 h_2 和 h_1，混合层厚度 $t_{ml}=h_2-h_1$。根据以上混合层厚度的定义，在图 4.9 中用点划线标记出混合层的上下边界，上边界的高度定义为 h_2，下边界的高度为 h_1。当 $z>h_2$ 时，纵向流速与雷诺应力基本稳定，没有太大变化，流速梯度最大值出现在植被底部（$z/H=0.5$），且纵向流速局部突增区的流速明显大于下游充分发展区的流速；随着 x 的增大，植被底部的雷诺应力也有所增大，渠底的雷诺应力也出现相反的极值。

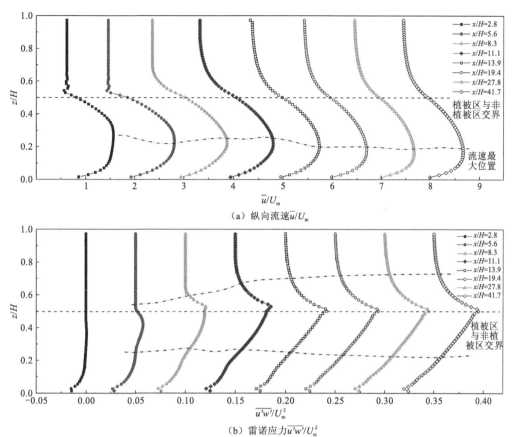

（a）纵向流速 $\overline{u}/U_{\mathrm{m}}$

（b）雷诺应力 $\overline{u'w'}/U_{\mathrm{m}}^{2}$

图 4.9　Case 3 的水动力沿程变化特点

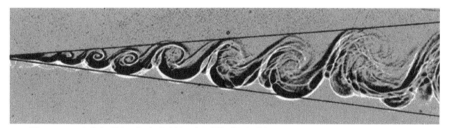

图 4.10　两种气体混合产生的混合层的发展过程（Brown and Roshko，1974）

对于 Case3，参考 Okamoto 和 Nezu（2013）可以将混合层的发展过程分为三个区域，见图 4.4。扩散流动区：$0<x/H<5$，在这个区域可能出现负雷诺应力值（Zong and Nepf，2012），剪切层还未形成。发展进行区：$5<x/H<27$，此时剪切层逐渐形成，开尔文-亥姆霍兹涡沿着植被底部向下游逐渐发展。充分发展区：$x/H>27$，剪切层不再扩展，混合层的相关尺度都不再变化。

关于充分发展区的定义比较模糊，大多数研究植被水流的学者，如 Belcher 等（2003）、Nepf 和 Ghisalberti（2008）、Rominger 和 Nepf（2011）、Zong 和 Nepf（2012）、Tseung 等（2015），在试验研究中都在充分发展区进行数据测量，但是并没有给出测量位置在充分发展区的证明，认为植被区足够长时，植被区的靠后位置就是充分发展区。在充分发展区，流速分布已经不再变化，从定量角度来说，满足 $\dfrac{u_{i+1,j} - u_{i,j}}{u_{i,j}} \leqslant 10^{-5}$，$u_{i,j}$ 为网格节点 (i,j) 处的纵向流速，其中 $i=1\sim800$，$j=1\sim70$，在垂向上对两个节点之间的位置进行了线性插值，从植被前缘到充分发展区的距离为 L_{D}，具体数值见表 4.4，图 4.11 展示了 L_{D}/H 随间隙区高度 h_{g}/H 和植被密度 a 的变化。在相同植被密度的情况下，随着间隙区高度的增大，水流达到充分发展所需的距离（从植被前缘算起）先变大后变小；对于相同的间隙区高度，植被密度越大，水流达到充分发展所需的距离越短。

表 4.4　水流达到充分发展的长度尺度

参数	Case								
	1	2	3	4	5	6	7	8	9
h_{g}/H	0.167	0.306	0.5	0.667	0.833	0.5	0.5	0.5	0.5
a/m^{-1}	3.2	3.2	3.2	3.2	3.2	0.8	1.6	10	20
$L_{\mathrm{D}}/\mathrm{m}$	8	8.75	10.25	9.9	7.65	11.25	10.6	8.9	7.8
L_{D}/H	22.22	24.31	28.47	27.5	21.25	31.25	29.44	24.72	21.67

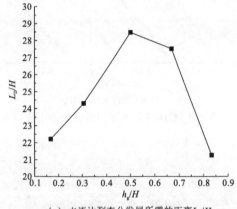

（a）水流达到充分发展所需的距离 L_{D}/H
随间隙区高度 h_{g}/H（$a=3.2\,\mathrm{m}^{-1}$）的变化

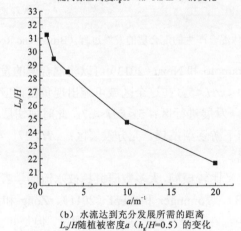

（b）水流达到充分发展所需的距离
L_{D}/H 随植被密度 a（$h_{\mathrm{g}}/H=0.5$）的变化

图 4.11　水流达到充分发展所需的距离 L_{D}/H 随不同参数的变化情况

Plew（2010）认为对于漂浮植被，渠底边界的阻力会对涡流长度尺度产生影响，渠底边界层的发展过程也会影响剪切层中的相干涡结构，并提出了三种估算渠底边界层厚度的方法，第一种为渠底到纵向流速最大值点的距离，第二种为渠底至间隙区中雷诺应力为零位置的垂向距离，第三种为渠底至正应力最小值点的垂向距离。Plew（2010）通过分析试验数据，认为第二种方法最为可靠，因此本节也采用雷诺应力为零的位置来确定渠底边界层厚度 δ_b。在渠底，还要考虑到黏性底层，在黏性底层中，黏性切应力起主导作用，雷诺应力可忽略，根据 Plew（2010）和 Huai 等（2009a）的假定，将黏性底层的厚度 δ_0 取为 5 mm，由于黏性底层尺度较小，对 δ_b 没有太大影响。Plew（2010）通过象限分析发现，渠底边界层第二象限喷射占主导，第四象限下扫占主导。经过速度谱分析发现，主导频率和剪切层中的频率基本相同，说明剪切层和渠底边界层之间存在耦合作用，在剪切层速度谱分析中的主导频率略高于开尔文-亥姆霍兹不稳定性的频率，其公式来自 Ho 和 Huerre（1984），$f_{KH} = 0.032 \left(\dfrac{\bar{U}}{\theta_{mom}} \right)$，其中 $\bar{U}$ 为 U_1 和 U_2 的算术平均值，$\bar{U} = \dfrac{1}{2}(U_1 + U_2)$，$\theta_{mom}$ 为动量厚度，最早由 Rogers 和 Moser（1992）定义，$\theta_{mom} = \displaystyle\int_{-\infty}^{\infty} \left[\dfrac{1}{4} - \left(\dfrac{u - \bar{U}}{\Delta U} \right)^2 \right] dz$，对于漂浮植被，要剔除渠底边界层的影响，故应将公式改为 $\theta_{mom} = \displaystyle\int_{\delta_b}^{H} \left[\dfrac{1}{4} - \left(\dfrac{u - \bar{U}}{\Delta U} \right)^2 \right] dz$。漂浮植被水流剪切层受到上植被层和渠底边界层的双重限制，动量厚度相对淹没植被水流的动量厚度要小，故频率略高。对于 Case 3，$\delta_b = 0.2H$。

4.3.3　不同间隙区高度工况成果分析

为了研究不同间隙区高度对漂浮植被水流的影响，在水深及植被密度不变的情况下，从 Case1～Case5 中选取充分发展区内的无量纲流速 $\bar{u}/U_m$ 及雷诺应力 $\overline{u'w'}/U_m^2$ 的垂向分布进行比较，见图 4.12。间隙区高度越小，即植被层垂向厚度越大，植被层内的流速越大，特别是 $h_g/H = 0.167$ 时植被层内的流速沿垂向几乎不变，h_g/H 从 0.167 到 0.833 时间隙区内的流速最大值逐渐减小，同时纵向流速最大值位置也随着间隙区高度的增大而上移。雷诺应力在自由水面附近时趋近于零，在植被区内逐渐增大，到植被底部 $\overline{u'w'}$ 达到最大（实际上雷诺应力 $-\overline{u'w'}$ 是负值），h_g/H 越小，雷诺应力峰值越大，但 Case 1（$h_g/H = 0.167$）例外，其峰值与 Case 3（$h_g/H = 0.5$）差不多，从植被底部开始到渠底边界层上边界 $\overline{u'w'} = 0$ 的位置雷诺应力线性减小。图 4.12（b）清楚地展示了渠底边界层的位置与间隙区高度密切相关，h_g/H 越大，边界层厚度越大，δ_b 与 h_g/H 成正比，这也与 Plew（2010）减小植被层下方的间隙区具有减小渠底边界层厚度的效果的结论一致。在渠底边界层内雷诺应力开始反向增大，并在靠近渠底位置达到边界层内的最大值（略小于植被底部处雷诺应力的最大值），这也说明边界层内存在较强的紊动。Plew（2010）通过象限分析发现，渠底边界层第二象限喷射占主导，第四象限下扫占主导。

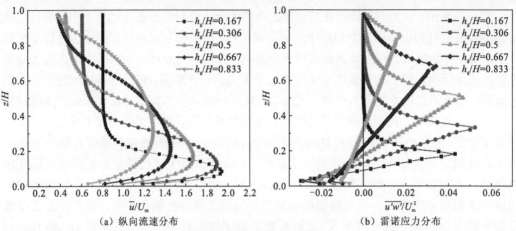

（a）纵向流速分布 　　　　　　　　　　（b）雷诺应力分布

图 4.12　Case1～Case 5 不同间隙区高度下的水动力特点（a = 3.2 m^{-1}，H = 0.36 m）

4.3.4　不同植被密度工况成果分析

Case3、Case6～Case 9 的水深和间隙区高度都相同，仅改变植被密度，研究充分发展区的无量纲流速 $\overline{u}/U_{\mathrm{m}}$ 及雷诺应力 $\overline{u'w'}/U_{\mathrm{m}}^2$ 的变化，见图 4.13。五种工况的流速梯度都是在 h_{g}/H =0.5 处（植被底部）达到最大值，也是雷诺应力最大值出现的位置。纵向流速也是在植被层区域内较小，在植被层下方的间隙区较大，且流速最大值也出现在间隙区靠近渠底的位置。植被密度越大，植被层内流速越小，植被底部流速梯度越大，间隙区内流速越大，雷诺应力值越大。图 4.13（b）清楚地展示了渠底边界层的位置与植被密度的相关性，相对于间隙区高度 h_{g}/H，植被密度对边界层厚度的影响小，植被密度越大，边界层厚度越小，δ_{b} 与 $C_{\mathrm{d}}ah_{\mathrm{c}}$ 成反比，但是当植被密度 a>10 m^{-1} 时，边界层厚度变化极小，根据本章的九种工况，大致可以得到边界层厚度的关系式，为 $\delta_{\mathrm{b}} \approx 0.0458\dfrac{h_{\mathrm{g}}}{C_{\mathrm{d}}ah_{\mathrm{c}}} + 0.117$。

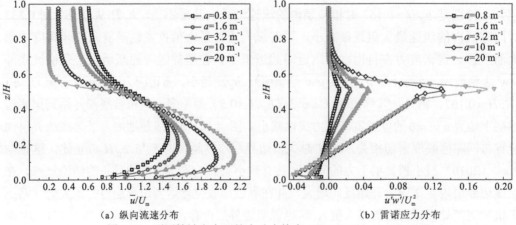

（a）纵向流速分布 　　　　　　　　　　（b）雷诺应力分布

图 4.13　不同植被密度下的水动力特点（H = 0.36 m，h_{g}/H = 0.5）

4.3.5　动量厚度

漂浮植被水流的流速分布如图 4.14 所示,参照淹没植被水流的混合层定义,图 4.14 中, U_{f1} 表示漂浮植被层相对稳定的纵向流速, U_{f2} 表示植被层下方间隙区的最大纵向流速, $\Delta U = U_{f2} - U_{f1}$, $\overline{U} = \frac{1}{2}(U_{f1} + U_{f2})$; z_1 和 z_2 对应 U_{f1} 和 U_{f2} 的垂向坐标, $\overline{z} = \frac{1}{2}(z_1 + z_2)$; 混合层厚度 t_{ml} 定义为流速分布中 $(u - U_{f1})/\Delta U = 0.01$ 和 $(U_{f2} - u)/\Delta U = 0.01$ 之间的垂直高度; h_1 和 h_2 对应混合层厚度在垂向上的上下界限, $t_{ml} = h_1 - h_2$; δ_e 为混合层在植被层的入侵深度; δ_b 为渠底边界层厚度。各参数之间各有联系, $h_1 = h_g + \delta_e$, $h_2 = h_1 - t_{ml} = h_g + \delta_e - t_{ml}$ 。

漂浮植被动量厚度的公式为 $\theta_{mom} = \int_{\delta_b}^{H} \left[\frac{1}{4} - \left(\frac{u - \overline{U}}{\Delta U} \right)^2 \right] dz$,各参数的具体数值见表 4.5,混合层厚度和动量厚度之比 t_{ml}/θ_{mom} 与间隙区高度 h_g/H 和 $C_d a h_c$ 成反比。

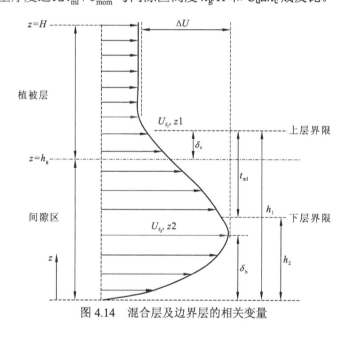

图 4.14　混合层及边界层的相关变量

表 4.5　混合层及边界层的相关变量取值

Case	ΔU /(cm/s)	$\overline{U}$ /(cm/s)	$\overline{z}$ /cm	θ_{mom} /cm	h_1 /cm	h_2 /cm	t_{ml} /cm	δ_e /cm	δ_b /cm	t_{ml}/θ_{mom}	$C_d a h_c$	h_g/H
1	9.22	12.57	6.6	5.94	10	3.2	6.8	4	2.88	1.14	1.160	0.167
2	14.40	15.18	11.25	6.56	18.5	4	14.5	7.5	5.04	2.21	0.966	0.306
3	18.47	17.51	17.15	7.16	26.8	7.5	19.3	8.8	6.12	2.70	0.696	0.5

Case	ΔU /（cm/s）	$\overline{U}$ /（cm/s）	$\overline{z}$ /cm	θ_{mom} /cm	h_1 /cm	h_2 /cm	t_{ml} /cm	δ_e /cm	δ_b /cm	$t_{\text{ml}}/\theta_{\text{mom}}$	$C_d a h_c$	h_g/H
4	22.93	20.15	22.35	7.30	33.8	10.9	22.9	9.8	7.56	3.14	0.464	0.667
5	27.98	25.99	27.50	6.54	36	19	17	6	10.80	2.60	0.232	0.833
6	20.52	28.07	17.25	6.47	27.3	7.3	20	9.3	9.00	3.09	0.142	0.5
7	20.12	22.26	17.3	6.88	26.6	8	18.6	8.6	6.48	2.70	0.313	0.5
8	15.73	11.76	16	7.14	23.5	8.5	15	5.5	4.32	2.10	3.503	0.5
9	17.98	11.13	15.8	6.61	22.5	9.5	13	4.5	4.68	1.97	12.024	0.5

图 4.15 展示了漂浮植被充分发展区混合层内的纵向流速分布，满足双曲正切分布。

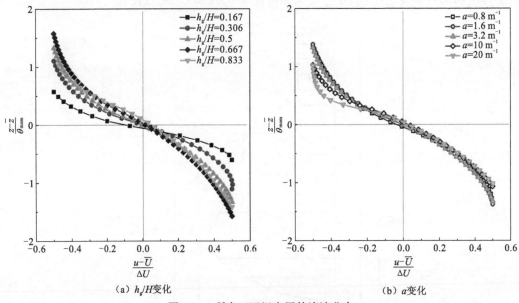

（a）h_g/H变化　　　　　　　　　　　（b）a变化

图 4.15　所有工况混合层的流速分布

4.4　本 章 小 结

本章通过三维刚性植被模型对水流经过充分长漂浮植被的发展过程进行了较为全面的论述，主要结论如下。

（1）通过两组试验数据验证了三维刚性植被模型，比较了纵向流速和雷诺应力的垂向分布，数据吻合较好，说明该模型能用来模拟植被水流；模型中在动量方程及 k-ε 方程中考虑植被的影响，主要是植被的几何因素和阻力效应。

（2）漂浮植被水流水动力特性调整中纵向流速的调整比紊动特性（雷诺应力）的调整发展得快，根据调整特性的不同，可将水流沿程分为三个区，即扩散流动区、发展进行区和充分发展区。扩散流动区可能出现负雷诺应力值，剪切层还未形成；发展进行区中剪切层逐渐形成，开尔文-亥姆霍兹涡沿着植被底部向下游逐渐发展；充分发展区内剪切层不再扩展，混合层的相关尺度都保持不变。

（3）在漂浮植被前缘前后，垂向流速分别出现正的最大值和负的最大值，且最大值的数值与间隙区高度成反比，水流进入植被后，受阻力影响速度会向下偏转，故垂向流速会出现负值，在扩散流动区内垂向流速由负的最大值逐渐增大，在扩散流动区与发展进行区交界处（$x=x_1$），垂向流速恢复为植被上游的垂向流速值。

（4）在发展进行区起始位置，植被层下方间隙区出现纵向流速局部突增区，局部突增区长度尺度 L_E/H 随间隙区高度的增大而增大，随着植被密度的增大，局部突增区长度先增大后减小，在 $a=3.2\ \mathrm{m}^{-1}$（Case 3）达到最大值。

（5）定量描述水流充分发展所需的长度尺度 L_D，在相同植被密度的情况下，随着间隙区高度的增大，水流达到充分发展所需的距离（从植被前缘算起）先变大后变小；对于相同的间隙区高度，植被密度越大，水流达到充分发展所需的距离越短。

（6）渠底边界的阻力会对涡流长度尺度产生影响，渠底边界层的发展过程也会影响混合层中的相干涡结构，边界层厚度与间隙区高度及植被因素的关系式为

$$\delta_b \approx 0.045\,8\,\frac{h_g}{C_d a h_c} + 0.117 \,，增大植被密度或减小植被层下方的间隙高度都具有减小渠底$$

边界层厚度的效果。

第5章 非连续植被斑块环境水力学特性

　　湿地中植被大多成丛存在，不连续且动态变化。常见的不连续植被有底栖的滤食性动物贻贝（长度范围为 0.1～100 m）、半干旱和泥炭地植物等。河道修复时，工程师通常会将植被以块状或是半圆状形式布置在河道两岸的不同位置，植被的这种斑块式分布丰富了水流特性，对周围局部生态环境有重要影响。本章重点论述不连续刚性植被斑块对水动力特性的影响，采用水槽试验和数值计算相结合的方式，研究斑块区域和间隙区平均流动与紊动特性的沿程变化及调整机理，分析植被密度、雷诺数及斑块的空间结构对不连续植被斑块水流平均流动与紊动特性的影响。

5.1 模型构建

5.1.1 大涡模拟

紊流的非线性多尺度特征使其研究变得相对困难，完全分辨所有紊流尺度的直接数值模拟十分困难。紊流流动中，大尺度涡体运动占整体紊动能的比例较大，而小尺度涡体运动占整体紊动能的比例很小；大尺度涡体运动输出能量，小尺度涡体运动主要通过惯性输入能量。对于充分发展的紊流，小尺度涡体运动表现出普适性和对称性，可进行模型化，这也是大涡模拟的优势所在。

对于不连续植被斑块水流的大涡模拟，共计算了四种工况，见表 5.1。大涡模拟模型借助 FLOW-3D 软件完成，FLOW-3D 软件的技术基础为：①FDM 结构化网格/Multi-Block 多网格块；②FAVOR（复杂几何模拟）；③TruVOF（自由液面模拟）。FLOW-3D 软件的计算优势在于：

（1）完全离散纳维-斯托克斯方程；

（2）控制体积法；

（3）利用 FAVOR+FDM 技巧描述复杂几何；

（4）利用 TruVOF 准确地模拟自由液面；

（5）提供自动的数值设定建议，包括结果的准确性及数值的收敛性；

（6）支持多个物理现象。

计算时间约为 $30T_{model}$，其中 $T_{model} = L_{v,model}/U$，$L_{v,model}$ 为计算区域长度，取 9 m。为了避免初始条件的影响，收集 $15T_{model} \sim 30T_{model}$ 时段的数据作为本章的原始数据。

表 5.1 不连续植被斑块水流不同工况下的水力条件

Case	$Q/$（L/s）	$H/$m	$U/$（m/s）	$m/$m^{-2}	$L_{none}/$m	$h_v/$m	$l_w/$m	l_i/l_w	$Re(=UH/\nu)$	$Re_*(=UD/\nu)$
A	25.92	0.36	0.12	254	0.5	0.24	3.5	0.11	42 900	953
B	25.92	0.36	0.12	423	0.5	0.24	6.35	0.09	42 900	953
C	54	0.45	0.2	423	0.5	0.24	8.47	0.07	89 374	1 589
D	25.92	0.36	0.12	254	1.1	0.24	6.99	0.04	42 900	953

注：Q 为流量；H 为水深；U 为纵向流速；m 为植被密度；L_{none} 为间隙区长度；h_v 为植被高度；Re 为整体雷诺数；Re_* 为植被尺度雷诺数；l_w 和 l_i 为特征长度。

5.1.2 网格尺度

本小节系统地介绍大涡模拟的主要步骤：①对控制方程进行滤波处理；②计算网格划分；③亚格子模型化；④离散处理；⑤数值计算等得到相应的紊流流动数据。滤波网格尺度对大涡模拟数值计算结果影响较大，计算网格的不合理控制或划分将会导致滤波网格尺度的不合理，有可能丢失有用的小尺度信息，此时大涡模拟精细模拟流场的优势不能体现，影响大涡模拟计算结果的可靠性。

计算流域划分都采用结构化网格，将植被作为固壁边界处理之后，距离壁面的第一层网格节点首先至少应满足 $y^+ \sim 1$，其中

$$y^+ = \frac{u_* y}{\nu} \tag{5.1}$$

式中：u_* 为壁面摩阻流速；y 为壁面第一层网格长度；ν 为水的运动黏滞系数，$10^{-6}\,\text{m}^2/\text{s}$。

单个植被附近都需要局部加密，对于不连续植被斑块水流的四种工况，$y^+ < 3.2$。在综合考虑计算速度、计算时间及工作站的计算条件等因素条件下，选用三种网格尺度进行网格无关性验证，发现三种尺度网格的紊流数据变化不大，相差在 1.8% 以内，最后选择了三种网格尺度中网格总数最少的进行正式计算，以 Case C 为例，计算区域的实际大小为 9 m×0.6 m×0.6 m，结构化网格分布为 2 100×420×55，见图 5.1。

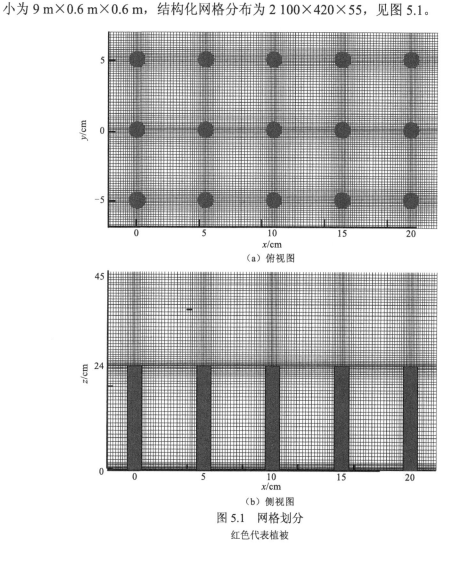

（a）俯视图

（b）侧视图

图 5.1　网格划分

红色代表植被

5.1.3　边界条件

进口边界：采用速度进口，流速和紊动能根据试验测量值给出，平均流速为 0.12 m/s 和 0.2 m/s，水深为 0.36 m 和 0.45 m。用合成涡方法产生扰动，该方法是在给定平均流速剖面的基础上叠加相应变量的脉动扰动以模拟紊流边界层的拟序结构。该方法能够很快得到充分发展的紊流，且较其他方法流场初始化更为简单，因而被广泛应用。压力梯度设置为零。

出口边界：采用压力出口，压强、紊动能和耗散率梯度均设置为零。

水槽底部、侧边壁及植被边壁：墙边界，即壁面函数，无滑移边界，流速及压强梯度为零。

上边界：对称边界，压强为大气压，其他变量梯度为零。

5.2　试 验 设 置

5.2.1　试验模型

不连续植被斑块水流试验在武汉大学水资源与水电工程科学国家重点实验室完成，矩形水槽长 20 m，宽 0.6 m，高 0.5 m，水槽底坡为 0.001。刚性植被用有机玻璃棒替代，玻璃棒直径 $d_c = 0.008$ m，高度为 $h_v = 0.25$ m。试验共测量了两种排布方式的不连续植被斑块。

第一种为四块植被斑块[图 5.2（a）]，每块植被斑块长 0.5 m，宽 0.6 m，线性布置，横向植被间距为 0.05 m，纵向行间距为 0.10 m，斑块与斑块之间的空隙区长 0.5 m，宽 0.6 m，线性布置；第二种为两块植被斑块[图 5.2（b）]，每块植被斑块长 1.1 m，宽 0.6 m，横向植被间距为 0.05 m，纵向行间距为 0.10 m，斑块与斑块之间的空隙区长 1.1 m，宽 0.6 m，线性布置。对表 5.1 中的 Case A 和 Case D 进行了详细的试验测量，试验数据用来粗略描述水流流经不连续植被斑块的沿程变化，同时验证数值模型的可靠性。流量通过电磁流量计和阀门进行控制，调节尾门使得试验测量段内的水面坡度与水槽底坡平行，可认为水流是近似均匀流。试验装置和坐标系统如图 5.2 和图 5.3 所示，坐标原点位于水槽底部植被前缘中心位置。

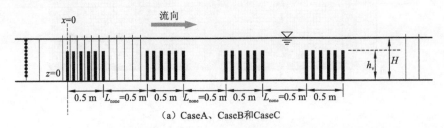

（a）CaseA、CaseB和CaseC

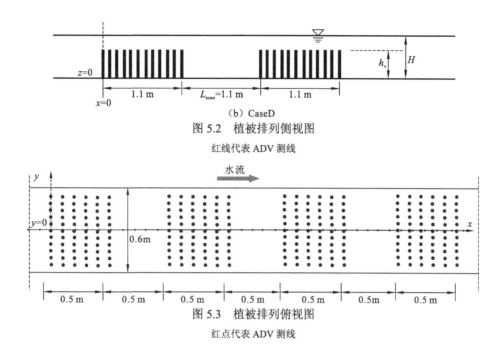

（b）CaseD

图 5.2　植被排列侧视图

红线代表 ADV 测线

图 5.3　植被排列俯视图

红点代表 ADV 测线

5.2.2　测点布置

采用 ADV 进行测量，由于 ADV 的测量区域距离发生器和接收探头有 5 cm，在 36 cm 的水深范围内主要采用向下测试探头（编号为 A1111）进行测量，在水面附近 5～6 cm 范围内向下测试探头已脱离水体，测量结果不可用，需要用到向上测试探头（编号为 A1108），将向上及向下测试探头所测得的流速数据叠加，获得整条测线上的流速分布。由于向上测试探头的发生器和接收探头的位置与向下测试探头有差异，转换探头时也需要调整这个探头的位置，试验开始前需要矫正向上测试探头与向下测试探头之间的流速测量误差，在恒定均匀流场中的同一测点位置，分别采用向上及向下测试探头进行测量，发现向上及向下测试探头的流速测量值吻合良好，偏差小于 2.8%，当测试时间足够长时，误差也相对减小，因此，本次试验中对于各测点的测量，采样时间为 160 s，每个测点测得 8 000 个数据。

测点在水深方向上的间距为 1 cm，在水流方向上的间距为 10 cm，共有 50 条测线，见图 5.3。

5.3　模型验证

为了验证大涡模拟对于植被水流计算的可行性，将 Case A 和 Case D 的模型数据与试验数据进行对比，见图 5.4。对于无量纲时均纵向流速 $\bar{u}/U$ 选取四个不同位置（$x=$ −5 cm，55 cm，165 cm，275 cm）进行数据对比，对于无量纲雷诺应力 $-\overline{u'w'}/U^2$ 也选取四个不同位置（$x=-5$ cm，85 cm，175 cm，285 cm）进行数据对比，对于无量纲正应力 $\overline{u'u'}/U^2$、$\overline{v'v'}/U^2$ 和 $\overline{w'w'}/U^2$ 则选择 $x=225$ cm（Case A）和 $x=275$ cm（Case D）进行数据对比。

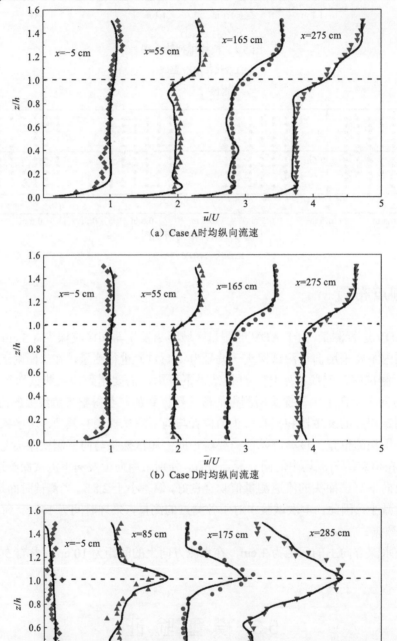

（a）Case A时均纵向流速

（b）Case D时均纵向流速

（c）Case A雷诺应力

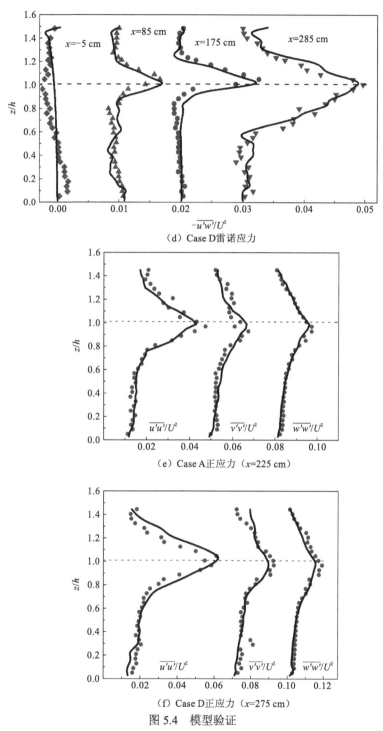

（d）Case D雷诺应力

（e）Case A正应力（x=225 cm）

（f）Case D正应力（x=275 cm）

图 5.4　模型验证

红点代表试验数据；黑色实线代表模型数据

结果表明，试验数据和大涡模拟数据吻合良好，只在水槽底部和植被区顶部附近存在微小差异，这可能是由 ADV 的测量精度及大涡模拟的网格质量导致的可接受误差。模型验证说明大涡模拟在计算植被水流方面具有合理可行性，同时与直接数值模拟相比，其具有易实现、计算代价小等优势。

5.4 讨论与结论

5.4.1 平均流速分析

为了更好地描述流经不连续植被斑块水流的变化，无量纲水深平均流速 u_m/U 的沿程变化结果见图 5.5。对于 CaseA~CaseC，植被斑块在 x 方向的范围为 0~50 cm、100~150 cm、200~250 cm 和 300~350 cm；对于 Case D，植被斑块的范围为 0~110 cm 和 220~330 cm。显然，植被斑块区域的水深平均流速要大于间隙区的水深平均流速，且大涡模拟的结果显示水深平均流速在植被斑块区域呈波浪状分布，这是由单个植被后的尾流结构造成的。在植被斑块上游，水深平均流速 $u_m/U=1$，进入植被斑块后，受植被斑块和间隙区的影响极大，在植被下游 200 cm 附近，u_m/U 又趋近于 1。试验数据由于受到试验条件的限制，如图 5.5（b）所示，相邻两条测线的垂向间距为 10 cm，在植被斑块区域很难看出波浪状变化，但是间隙区的水深平均流速还是明显小于植被斑块区域。

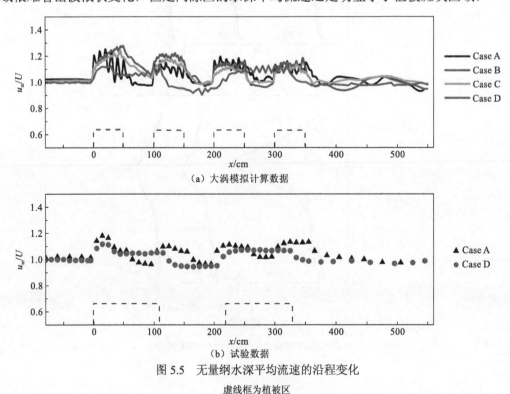

（a）大涡模拟计算数据

（b）试验数据

图 5.5 无量纲水深平均流速的沿程变化

虚线框为植被区

下面将重点讨论时均纵向流速的沿程分布,图 5.6 显示了 Case B 和 Case C 无量纲时均纵向流速的沿程分布,沿程不同位置的时均纵向流速从 $x=27.5$ cm 开始依次往后叠加 1,故 $x=375$ cm 处的时均纵向流速为在实际流速基础上加上 8。Case B 和 Case C 的植被密度相同,水深及雷诺数不同。对于植被上游 $x=-60$ cm,时均纵向流速呈对数分布,几乎不受植被斑块的影响;进入植被斑块和间隙区后,对于不同的 x 位置,$\bar{u}/U$ 在 $z/h<1$ 范围内减少,而在 $z/h>1$ 范围内增加;且在 $z/h<1$ 范围内,Case C 的时均纵向流速明显小于 Case B,尤其在 $x=75$ cm,127.5 cm,175 cm,275 cm,327.5 cm 处。这说明在一定范围内,雷诺数越大,$z=h$ 处的剪切越剧烈($z<h$ 为慢速流带,$z>h$ 为快速流带),植被顶部上、下的流速差越大。有必要继续研究雷诺数与植被斑块水流的关系,鉴于此研究的工况过少,不能定量给出植被斑块水流受雷诺应力影响的关系式。另外,需要注意的是,在大涡模拟数据结果中,水槽底部有速度突增,Pang 等(2014)和 Huai 等(2014)在植被水流的试验中也发现了同样的现象,这是大涡模拟精确度的一大体现,因为其他数值模拟方法很难捕捉到这一现象。

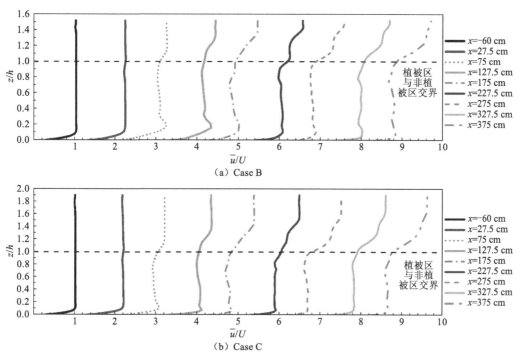

图 5.6　无量纲时均纵向流速的沿程变化

黑色虚线表示植被顶部,彩色实线代表在植被斑块区域内,灰色点划线和虚线代表在间隙区内

对于有限长连续植被水流,Belcher 等(2003)将水流调整区域划分为上游影响区、初始调整区、混合层发展区、边界层发展区和出流区。其中:上游影响区指植被上游受植被影响的区域,在此区域内纵向流速减小,水流发生偏转,Rominger 和 Nepf(2011)认为上游影响区长度与植被高度有关;初始调整区是指连续植被前部,水流的纵向流速在植被阻力作用下继续减小,在此区内植被顶部附近垂向流速变化剧烈,垂向流速由植

被前缘处的最大值沿程衰减到趋近于零；混合层发展区是指以植被顶部为分界线，植被层内纵向流速较小，非植被层内纵向流速较大，即快速流带与慢速流带之间存在剪切作用，混合层发展区一般从初始调整区开始发展，直到达到固定尺度，即垂向紊动通量（如雷诺应力）达到最大，此时在植被顶端雷诺应力的垂向传输动量与植被阻力消耗的动量达到平衡，水流特性趋于稳定，混合层的长度与植被密度及水深比 H/h 有关；边界层发展区位于淹没植被顶部上方的一段距离，对于水深比较小及植被密度较大的情况，一般不考虑边界层流动，Raupach 等（1996）指出对于密集植被（$ah>0.1$），植被顶端上方的流动应作为混合层流动而非边界层流动，其中，$a=mD$，故对于植被边界层流动的研究较少；出流区指植被区后缘不受植被阻力影响的区域，可能发生流动分离、出现尾流结构等，对物质传输及生态环境有着重要作用。

不连续植被斑块对水流结构的影响与连续植被斑块有着很大不同，间隙区的存在会打乱连续植被斑块水流的有序调整，更多的是初始调整区与出流区的相互作用。

图 5.7 为四种工况对应的无量纲时均纵向流速 $\bar{u}/U$ 的等值图。不同工况下的水流存在明显差异，由于植被斑块的存在，水流在进入第一块植被斑块时，植被密度较小，如 Case A 和 Case D 的植被密度为 $m=254$ 个/m²，在 0.5 m 的长度范围内受植被的阻挡作用较小，植被斑块内时均纵向流速有所减小但并不明显，但 Case D 的第一块植被斑块长度较长（1.1 m），在 $x=0.4$ m 往后时均纵向流速在植被斑块内减小，在自由水层增大；Case B 和 Case C 的植被密度为 $m=452$ 个/m²，第一块植被斑块的阻碍作用明显增大，时均纵向流速在自由水层明显增大。时均纵向流速分布在植被前缘下游 20 cm 左右变化不大，这是因为植被间的空隙为过流通道而植被阻力的影响还未体现出来。在两块植被斑块之间的间隙区内时均纵向流速远小于植被斑块区域的时均纵向流速，Case A 和 Case D 的回流区较为明显，Case A 和 Case D 仅仅是植被斑块长度和间隙区长度不同，回流区的存在有利于物质交换及水生动物、微生物的生存，Case D 间隙区的时均纵向流速分布相对于其他工况更加稳定，相比上游水流，植被下游的时均纵向流速及紊动较小，更有利于来流中沉积物的堆积，该沉积物为水生植被种子发芽、生长提供了理想条件。

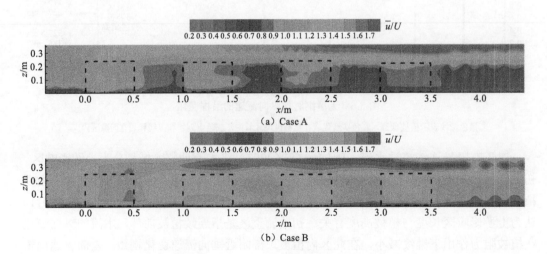

（a）Case A

（b）Case B

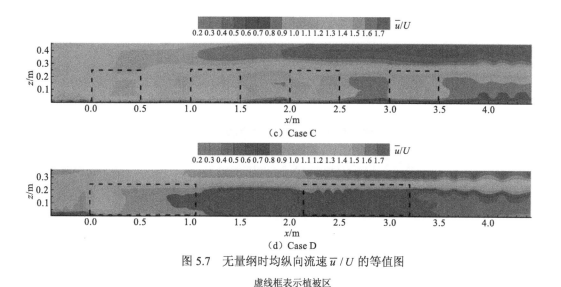

图 5.7　无量纲时均纵向流速 $\overline{u}/U$ 的等值图

虚线框表示植被区

Tanaka 和 Yagisawa（2009）分析了洪水冲刷后河道内植被周边的泥沙沉积情况，研究表明，当泥沙粒径不均匀时，密集植被斑块能更好地分离泥沙颗粒，将植被间距/茎干直径<0.5 作为密集植被的划分标准，密集植被斑块尾流沉积物中的细颗粒明显多于植被上游及内部；稀疏植被斑块（植被间距/茎干直径>1）下游尾流沉积物中的细颗粒泥沙含量明显减少，泥沙的整体分布与植被上游及内部大致相同。本章所研究的工况均属于稀疏植被斑块，因此没深入研究串联斑块对泥沙沉积的影响。

5.4.2　紊动特性分析

无量纲雷诺应力 $-\overline{u'w'}/U^2$ 的等值图见图 5.8。对于串联四块植被斑块的工况（CaseA～CaseC），雷诺应力最大值主要分布在第三块植被斑块之后的植被顶部 $z=h$ 附近，最大值为（0.03～0.045）U^2；对于较长的两块植被斑块工况（Case D），雷诺应力最大值出现在第二块植被斑块末尾植被顶部 $z=h$ 附近，最大雷诺应力为 $0.035U^2$。串联植被斑块对下游水流的影响较大，Case A（$m=254$ 个/m²，$a=2.032\ \mathrm{m}^{-1}$）达到最大雷诺应力 $0.03U^2$ 的位置为 $x=4.25\ \mathrm{m}$，Case B（$m=423$ 个/m²，$a=4.064\ \mathrm{m}^{-1}$）达到最大雷诺应力 $0.04U^2$ 的位置为 $x=3.85\ \mathrm{m}$，这个结果与 Ortiz 等（2013）研究的柔性圆形植被斑块下游最大雷诺应力位置的结论一致，植被密度越大，植被斑块下游雷诺应力最大的位置越靠近植被斑块。在相同密度的 Case A 和 Case D 的对比中，植被斑块及间隙区长度较大的 Case D 的最大雷诺应力发生在 $x=3.38\ \mathrm{m}$，非常靠近植被斑块。雷诺数较大的 Case C（$Re*=1589$）的雷诺应力发展过程较 Case B（$Re*=953$）更为明显。

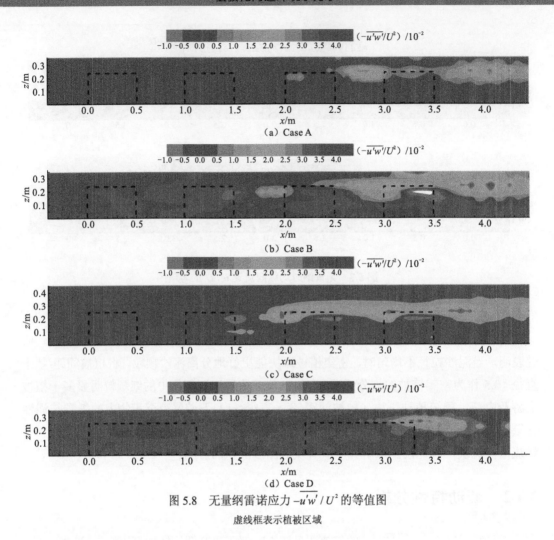

图 5.8　无量纲雷诺应力 $-\overline{u'w'}/U^2$ 的等值图

虚线框表示植被区域

　　Maltese 等（2007）通过水槽试验研究了两块斑块植被群的流速和紊动特性，发现上游斑块植被顶端形成的剪切层在间隙区分离，回流在间隙区出现，且回流对下游植被的水流特性产生影响，象限分析结果显示间隙区下扫现象起主导作用。象限分析法作为一种传统而又可靠的分析方法常被用于紊流结构的分析中。雷诺应力的象限分析概念最早由 Lu 和 Willmarth（1973）在分析紊流黏性底层外边界处的切应力特征时提出，并被广泛地应用到平滑壁面紊动边界层、含陆生植被冠层及含植被水流的紊流结构的研究中。根据纵向脉动流速 u' 与垂向脉动流速 w' 的正负号，在 u'-w' 平面内将雷诺应力分解为 Q_1、Q_2、Q_3 和 Q_4 四个象限，分别代表四种流态。Q_1（$u'>0,w'>0$）为高速流体远离床面的运动，属于外向交互流态；Q_2($u'<0,w'>0$)为低速流体远离床面的运动，属于喷射流态；Q_3($u'<0,w'<0$)为低速流体朝向床面的运动，属于内向交互流态；Q_4($u'>0,w'<0$)为高速流体朝向床面的运动，属于下扫流态，具体见图 5.9。Lu 和 Willmarth（1973）在象限分析中定义了孔域，见图 5.9 中阴影部分，孔域是四条双曲线 $|u'w'|=M\,|\overline{u'w'}|$ 围成的区

域，其中 M 为表征孔域大小的参数，在不同阈值参数 M 下，各流态对雷诺应力的贡献值 $S_{i,M}(i=1,2,3,4)$ 可表示为

$$S_{i,M} = \frac{1}{T_{\text{model}}} \int_0^{T_{\text{model}}} C_{i,M}(t)u'(t)w'(t)\mathrm{d}t \tag{5.2}$$

其中，

$$C_{i,M}(t) = \begin{cases} 1, & |u'(t)w'(t)| > M|\overline{u'w'}| \text{ 且 } |u'(t)w'(t)| \text{ 位于} Q_i \text{象限} \\ 0, & \text{其他} \end{cases}$$

由式（5.2）可知，$S_{1,M}$、$S_{3,M}$ 为正值，$S_{2,M}$、$S_{4,M}$ 为负值。

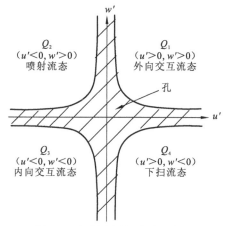

图 5.9 象限分析与孔域示意图

结合许多学者的研究成果（Ghisalberti and Nepf，2002；Ikeda and Kanazawa，1996；Raupach et al.，1996；Raupach and Shaw，1982），淹没不连续植被斑块水流在垂向上大致分为三层。第一层为低植被层，流速沿水深方向变化很小，水流的作用力主要有水的重力和植被拖曳力，雷诺应力相对很小，忽略不计，此时象限分析并没有实质性的意义。第二层为植被顶部附近区域，即混合层区域，由开尔文-亥姆霍兹不稳定性引起的相干涡、流速拐点（密集植被，$ah \geqslant 0.1$）及最大雷诺应力值出现在此区域，象限分析发现一般来说该区域下扫流态占主导；对于稀疏植被水流，植被拖曳力远小于河床摩擦力，水流满足紊动边界层剖面条件，此时可以认为植被拖曳力是河床摩擦力的一部分；而对于密集植被水流，植被拖曳力相对于河床摩擦力很大，植被拖曳力的不连续性在植被和水流的交界面处（植被顶端）产生带有涡漩结构的剪切层或混合层，对于密集淹没植被的水流，相干涡结构切入植被层的高度 δ_{e} 定义为混合层的下边界，显然稀疏植被不存在混合层。Belcher 等（2003）通过试验研究发现，粗糙密度 $\lambda = ah = 0.1$ 可以作为划分稀疏植被和密集植被的临界值；Ghisalberti 和 Nepf（2006）研究发现，相干涡切入植被层的高度（δ_{e}）与植被拖曳力系数和单位体积上水平投影面积的乘积成反比，即 $\delta_{\mathrm{e}} = (0.23 \pm 0.06)(C_{\mathrm{d}}a)^{-1}$。第三层为混合层上方的无植被层，没有植被拖曳力的作用，在此区域内流速呈对数分布且大于以上两层区域内的流速值，象限分析显示喷射流态占主导。

经过象限分析(图5.10),将雷诺应力用摩阻流速无量纲化$S_{i,M}/u_*^2$,$u_* = \sqrt{gi(H-h_v)}$,i为能量坡度,取0.001,H为水深,h_v为植被高度。Case A在阈值$M=0$时,雷诺应力贡献值也在沿程发展。植被斑块区域$x=25$ cm、$x=125$ cm 和 $x=225$ cm 的雷诺应力贡献值差异较大,见图5.10(a)~(c),在植被下层$z/h<0.6$时四种流态的雷诺应力贡献值大致相同,此区域即纵向交换区(Nepf and Vivoni,2000),紊动主要是由茎干尾流引起的,纵向流速在此区域近似均匀分布,基本无垂向运动;在纵向交换区往上的植被层内流态以下扫流态和喷射流态为主,并在植被顶部雷诺应力贡献值最大,第一块植被斑块的中心位置属于初始调整区,剪切层尚未形成,从第二块植被斑块开始,$0.6<z/h<1$植被层主要受开尔文-亥姆霍兹不稳定性产生的剪切涡的影响,属于垂向交换区;同时发现,在$0.6<z/h<1$,下扫流态占主导,在无植被层,喷射流态占主导。图5.10(d)~(f)分别为第一块、第二块和第三块植被斑块下游间隙区中心位置的雷诺应力贡献值的垂向分布图,对比上游植被斑块中心位置的雷诺应力贡献值发现,间隙区内下扫流态和喷射流态强于上游植被斑块;在第一个间隙区下扫流态影响范围为$0.8<z/h<1$,在第二个间隙区下扫流态影响范围为$0.65<z/h<1$,在第三个间隙区下扫流态影响范围为$0.4<z/h<1$,可见间隙区$z/h<1$范围内受下扫流态影响的区域沿程增加,在植被斑块内也是这样。

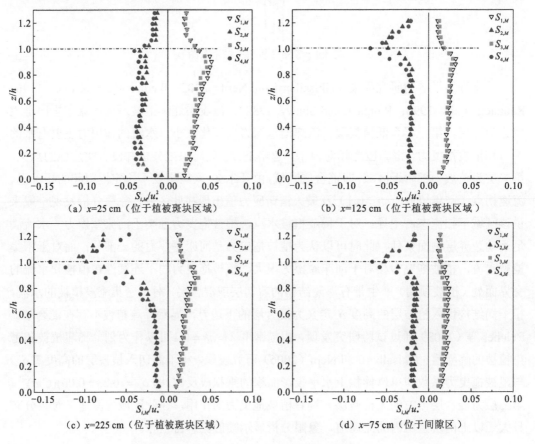

（a）$x=25$ cm（位于植被斑块区域）　　　（b）$x=125$ cm（位于植被斑块区域）

（c）$x=225$ cm（位于植被斑块区域）　　　（d）$x=75$ cm（位于间隙区）

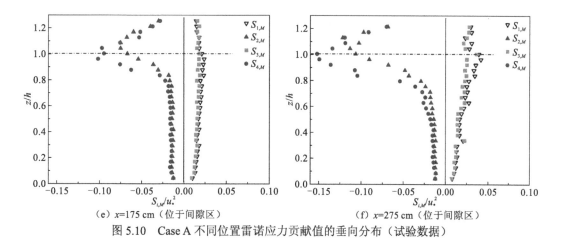

(e) x=175 cm（位于间隙区）　　　　　　(f) x=275 cm（位于间隙区）

图 5.10　Case A 不同位置雷诺应力贡献值的垂向分布（试验数据）

图 5.11 展示了无量纲化水深平均紊动能（TKE）的沿程变化。比较 Case A 和 Case B 发现，植被密度较小的工况在 $x=0\sim50$ cm，$100\sim150$ cm，$200\sim250$ cm，$300\sim350$ cm 区域内的水深平均紊动能大于植被密度较大的工况，同样在间隙区略占优势但相差不大，在最末植被斑块下游，植被密度较大工况的水深平均紊动能大于植被密度较小的工况，Case A 的水深平均紊动能的最大值为 $0.006U^2$，位于第一块植被斑块后部，Case B 的水深平均紊动能的最大值为 $0.004U^2$，位于第三块植被斑块后缘。而 Case A 和 Case D 的水深平均紊动能大小基本相同，都是在植被斑块区域较大，在间隙区较小，不同的地方是因为植被斑块和间隙区的尺度不同。Case C 的水深平均紊动能大于其他工况，水深平均紊动能的最大值为 $0.013U^2$，位于第二块植被斑块后缘。

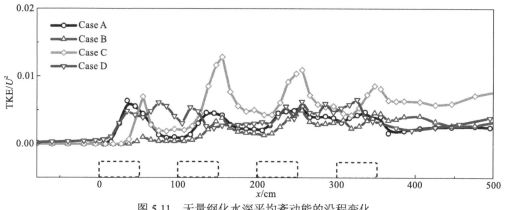

图 5.11　无量纲化水深平均紊动能的沿程变化

5.4.3　频谱分析

频谱分析将流速数据的时域信号转化为频域信号，对紊动强度中心位置对应的瞬时流速序列进行分析。功率谱密度图描述了功率谱密度随频率的变化，功率主要指流速信号的平方值，其峰值对应的频率即涡漩的主导频率。功率谱函数可以通过对脉动流速的自相关函数进行傅里叶变换得到，频谱分析的具体实现采用 MATLAB 中的 Welch 方法。

Nepf 和 Ghisalberti（2008）明确了淹没植被水流中存在多种尺度的涡漩：茎干涡、剪切涡和边界层涡。图 5.12 展示了淹没植被水流的流速、雷诺应力、两种尺度的涡、混合层入侵深度 δ_e 及混合层厚度 t_{ml}。其中，茎干涡主要分布在植被层，剪切涡位于混合层植被顶部附近，剪切层是由不同速度的相对运动产生的，在植被顶部存在速度拐点，以触发开尔文-亥姆霍兹不稳定性。Dunn 等（1996）和 Poggi 等（2004）进一步验证了只有密集植被（$C_d a h > 0.1$）才能提供足够的阻力，产生植被顶部的速度拐点。当 $z < h - \delta_e$ 时，只有茎干涡的作用；当 $h - \delta_e < z < h$ 时，应该是茎干涡和剪切涡共同作用；当 $h < z < t_{ml}$ 时，主要是剪切涡作用于该区域。对于特殊情况，当水深足够深（$H/h > 5$）时，会有边界层涡出现。不管是水生植被还是陆生植被，都是由以上涡漩结构主导植被层与自由水层或空气层之间动量和质量的交换。

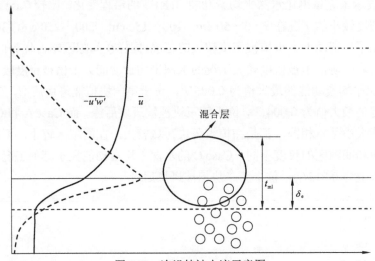

图 5.12　淹没植被水流示意图

图 5.13 展示了不同位置处的纵向脉动流速 u' 的功率谱密度与频率的关系。图 5.13（a）给出了 Case C 中四块植被斑块中心 $z = 6$ cm 处的频谱分析，该点位于淹没植被的低植被层，主要是茎干涡的作用，第一块植被斑块 $x = 22.5$ cm，主导频率为 0.9 Hz，第四块植被斑块 $x = 322.5$ cm，主导频率为 0.5 Hz，相差不大；Case C 中四块植被斑块中心 $z = 20$ cm 处的频谱分析展示在图 5.13（b）中。根据 Nepf 和 Ghisalberti（2008）中入侵深度的定义 $\delta_e = (0.23 \pm 0.06)(C_d a)^{-1}$，剪切涡频率即开尔文-亥姆霍兹不稳定性的频率，$f_{KH} = 0.032 \bar{U} / \theta_{mom}$（Ho and Huerre，1984），其中 $\bar{U}$ 为低植被层稳定流速 U_1 和无植被层稳定流速 U_2 的算术平均值，$\bar{U} = \frac{1}{2}(U_1 + U_2)$，$\theta_{mom}$ 为动量厚度，$\theta_{mom} = \int_{-\infty}^{\infty} \left[\frac{1}{4} - \left(\frac{u - \bar{U}}{\Delta U} \right)^2 \right] dz$（Rogers and Moser，1992），$\Delta U = U_2 - U_1$，对于 Case C，$\delta_e = 5.0 \sim 8.6$ cm，$f_{KH} = 0.1 \sim 0.2$ Hz，第一块植被斑块 $x = 22.5$ cm，主导频率为 0.8 Hz，第二块植被斑块 $x = 122.5$ cm，主导频

率为 0.1 Hz，第三块植被斑块 $x=222.5$ cm，主导频率为 0.2 Hz，第四块植被斑块 $x=$ 322.5 cm，主导频率为 0.15 Hz，显然 $z=20$ cm 位于高植被层内，除了第一块植被斑块 0.5 m 的长度较短，在 $x=22.5$ cm 时剪切层可能尚未形成，主导频率与茎干涡的频率一致。从第二块植被斑块开始主导频率基本等于 f_{KH}，说明茎干涡与剪切涡联合作用在植被斑区域。

图 5.13（c）和（d）展示了最下游的植被斑块区域内 $x=325$ cm 位置和植被下游 $x=$ 405 cm 位置 $z=h$ 处的 u' 的功率谱密度与频率的关系。当频率大于 0.3 Hz 时，功率谱密度 S_{uu} 在斜率为-5/3 的直线附近来回波动，说明惯性子区存在，柯尔莫哥洛夫-5/3 次幂公式可计算惯性子区的功率谱密度，$S_{uu}(f_{wave})=K_0\varepsilon^{2/3}f_{wave}^{-5/3}$，$K_0$ 为柯尔莫哥洛夫系数，与雷诺数相关，且 $K_0=1.4\sim1.8$，ε 为耗散率，$\varepsilon=c_D k^{3/2}/l$，$c_D$ 为经验系数，k 为紊动能，$l=0.07H$。在植被下游，四种工况的主导频率在 0.05 Hz 附近，水流不受茎干涡的影响，而剪切涡的作用只在 Case B 比较明显，主导频率为 0.12 Hz，接近剪切涡的频率。

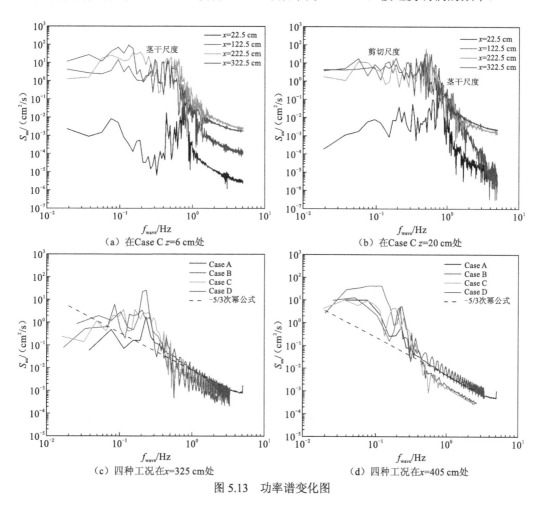

（a）在 Case C $z=6$ cm 处　　　　　　　（b）在 Case C $z=20$ cm 处

（c）四种工况在 $x=325$ cm 处　　　　　　（d）四种工况在 $x=405$ cm 处

图 5.13　功率谱变化图

5.4.4 结果展示

通过大涡模拟，可以轻松获取不同纵断面及横截面上的纵向流速等值图，见图 5.14和图 5.15。计算模型横向宽度为 0.6 m，考虑到对称性，选取了四个纵断面进行展示，分别为 $y=0$、$y=7.5$ cm、$y=12.5$ cm 和 $y=17.5$ cm，只有中心断面 $y=0$ 穿过植被，植被区流速出现负值，由单个植被圆柱绕流产生，其他纵断面都是从植被间的空隙穿过，无植被层的水流流速差别不大，两块植被斑块中间的间隙区有所不同，越靠近中心断面，间隙区内的流速越小，可能是因为远离中心断面的纵断面受到侧边壁的影响。

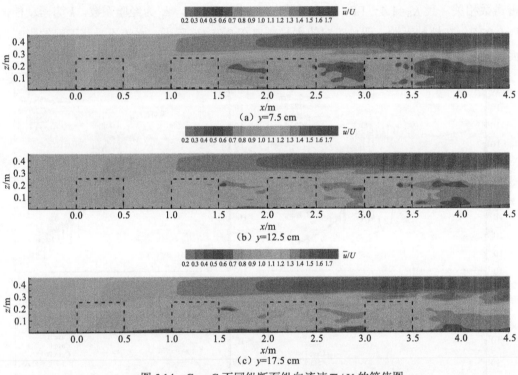

图 5.14 Case C 不同纵断面纵向流速 $\bar{u}/U$ 的等值图

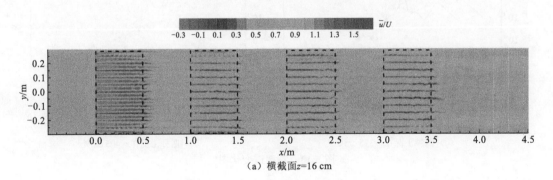

（a）横截面 $z=16$ cm

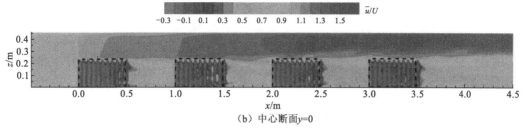

（b）中心断面 $y=0$

图 5.15　Case C 纵向流速 $\bar{u}/U$ 在不同位置的截面图

图 5.15 显示各个植被后面存在负的流速，而每两列植被中间的空隙通道的纵向流速增大，单个植被后的尾流结构及单个植被斑块后面的间隙区的水流结构都能较好地模拟出来。

5.5　本 章 小 结

本章基于模型试验和大涡模拟重点分析了串联不连续植被斑块水流的水动力特性，主要结论如下。

（1）大涡模拟方法可以较好地模拟植被水流，将植被作为固壁边界处理，能够很清楚地展示单个植被及斑块植被后的尾流结构，也能捕捉渠底附近纵向流速的突增现象。

（2）植被密度越大，雷诺数越大，对不连续植被斑块水流纵向流速与雷诺应力分布的影响越大，从数值上来说，不同排布形式的植被斑块对纵向流速与雷诺应力的影响不大，但是较长的植被斑块与间隙区长度的水动力特性更稳定一些。

（3）不连续植被斑块对水流结构的影响与连续植被斑块有着很大不同，间隙区的存在会打乱连续植被斑块水流的有序调整，更多的是初始调整区与出流区的相互作用。上游斑块植被顶端形成的剪切层在间隙区分离，间隙区内会产生回流，且回流对下游植被斑块的水流特性产生影响，象限分析结果显示间隙区下扫现象起主导作用。回流区的存在有利于物质交换及水生动物、微生物的生存，而且间隙区的纵向流速及紊动相比上游水流和植被斑块内部水流要小得多，更有利于来流中沉积物的堆积，该沉积物为水生植被种子发芽、生长创造了条件。

（4）淹没不连续植被斑块水流可在垂向上分为三层：第一层为低植被层，流速沿水深方向变化很小，水流的作用力主要有水的重力和植被拖曳力，雷诺应力相对很小，忽略不计，此时象限分析并没有实质性的意义；第二层为高植被层，流速拐点、最大雷诺应力值及混合层内的相干涡出现在此区域，象限分析发现该区域下扫流态占主导；第三层为混合层上方的自由水层，流速呈对数分布且大于以上两层区域内的流速值，象限分析显示，该区域喷射流态占主导。在两块植被斑块之间的间隙区出现回流且下扫流态占主导。

（5）对于 $C_d ah > 0.1$ 的植被，通过频谱分析发现，主要有两种尺度的涡作用于不连续植被斑块水流，在 $z<h-\delta_e$ 的区域，只有茎干涡起作用；当 $h-\delta_e<z<h$ 时，茎干涡和剪切涡共同作用；当 $h<z<t_{ml}$ 时，主要是剪切涡起作用，这些涡漩结构主导植被层与自由水层之间动量和质量的交换。

研究不连续刚性植被斑块对水动力特性的影响，不仅能加深读者对湿地、湖泊机理的理解，而且能为农业生产的防护林设计提供参考。防护林的作用在于减小地面附近的风速，改变防护林后农作物区域的流动状态及温度、湿度，从而提高农作物产量。

第6章 双层刚性植被环境水力学特性

在天然河道中，植被丛往往是高度不同，且交替排列的，本章将以双层刚性植被为例，采用解析解模型构建与水槽试验相结合的方法，试验研究双层刚性植被存在时的水流流速分布特性。

对于恒定均匀且充分发展的明渠紊流，设定植被丛由两种高度的植被组成，分别为 h_{v1} 和 h_{v2}（$h_{v1} < h_{v2}$），水深为 H，如图 6.1 所示。根据水深的不同，双层植被水流可以分为三种形式，即 $H < h_{v1}$、$h_{v1} < H < h_{v2}$ 和 $H > h_{v2}$。可以注意到，当水深小于低层植被高度，即 $H < h_{v1}$ 时，可以看作单层植被的非淹没形式（Huai et al.，2009c；Erduran and Kutija，2003），故这种情况本章不考虑，本章主要考虑 $h_{v1} < H < h_{v2}$ [图 6.1（a）] 和 $H > h_{v2}$ [图 6.1（b）] 两种情况。从图 6.1 可以看到，植被第 1 层表示低层植被 h_{v1} 占据的空间，植被第 2 层表示高层植被比低层植被高出的部分，即 $h_{v2} - h_{v1}$。在靠近明渠的底部，存在很薄的一个剪切层，这在解析解模型中通常是忽略的（Liu et al.，2012；Yang and Choi，2010；Baptist et al.，2007；Klopstra et al.，1997）。根据 Liu 等（2010）的研究，每个植被层可以划分为两个区域。植被层的下部分区域，时均流速基本是恒定的，用字母 A 来表示；植被层的上部分区域，时均流速会随着垂向坐标的增大而显著增加，用字母 B 来表示。用"层序号+A（或 B）"来表示不同植被层的不同区域。例如，1A 区表示低层植被的下部分区域，如图 6.1 所示。当 $h_{v1} < H < h_{v2}$ 时，低层植被是淹没的，高层植被是非淹没的，如图 6.1（a）所示，在这种情况下，在植被第 1 层存在 A、B 两个区域，而在植被第 2 层只存在 A 区域。当 $H > h_{v2}$ 时，高、低两层植被都是淹没的，每一层都会存在 A、B 两个区域，并且自由水层位于植被第 2 层之上，如图 6.1（b）所示。

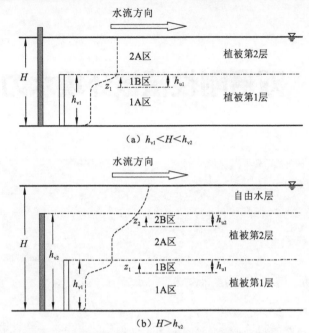

图 6.1　双层植被水流的流速剖面及分层示意图

h_{u1} 为植被第 1 层涡的入侵深度；h_{u2} 为植被第 2 层涡的入侵深度

6.1　模型构建

6.1.1　植被层下部的流速分布

当植被淹没时，植被拖曳力在植被层与自由水层的不连续性使得流速在植被层与自由水层中的差异较大，从而导致剪切涡的形成。植被层的下部分区域恰好位于该剪切涡之下，不受剪切涡的影响（Huai et al.，2014；Hu et al.，2013）。在此区域内，相比植被拖曳力，雷诺应力较小，可以忽略，所以控制方程化简为重力分力与植被拖曳力的平衡（Nepf，2012；Huai et al.，2009b，2009c）：

$$\rho g i - \frac{1}{2}\rho C_{\mathrm{d}} m D u^2 = 0 \tag{6.1}$$

求解式（6.1）可以得到植被层下部分区域流速 u_{c} 的表达式，为（Hu et al.，2013；Nikora et al.，2013）

$$u_{\mathrm{c}} = \sqrt{\frac{2gi}{C_{\mathrm{d}} m D}} \tag{6.2}$$

式（6.2）表明，如果 C_{d} 或者 mD 发生变化，流速就会发生变化。换言之，如果 C_{d} 和 mD（或者它们的乘积）不随垂向坐标发生变化，那么该区域的流速就是沿水深（垂向）恒定的（Nikora et al.，2013）。

对于双层植被模型，植被密度 m 在不同层是不同的。设植被第 1 层的密度是 m'_1，植被第 2 层的密度为 m'_2，且定义 $m'_1 = a_m m'_2$，在本章的研究范围内，低层植被的密度是大于高层植被的密度的，可得系数 $a_m > 1$。那么，1A 区的水流流速可以表达为

$$u_{1A} = \sqrt{\frac{2gi}{C_d m'_1 D}} \tag{6.3}$$

同理，2A 区的水流流速可以表示为

$$u_{2A} = \sqrt{\frac{2gi}{C_d m'_2 D}} = \sqrt{\frac{2a_m gi}{C_d m'_1 D}} \tag{6.4}$$

6.1.2　植被层上部的流速分布

当植被淹没时，剪切涡对植被层的影响范围定义为植被层的上部分区域（Huai et al.，2014；Hu et al.，2013），用字母 B 表示，该区域的高度等于涡的入侵深度 h_u（Nepf，2012），如图 6.1 所示，入侵深度 h_u 的下标 1 和 2 分别代表植被第 1 层与植被第 2 层的入侵深度。

植被层上部的控制方程表示为

$$\frac{\delta \tau}{\delta z} + \rho gi - \frac{1}{2}\rho C_d mDu^2 = 0 \tag{6.5}$$

根据混合长度理论（Rowiński and Kubrak，2002），雷诺应力表示为

$$\tau = \rho l_u^2 \left(\frac{\mathrm{d}u}{\mathrm{d}z}\right)^2 \tag{6.6}$$

式中：l_u 为非植被层混合长度。

Nikuradse（Nezu et al.，1993）针对明渠水流提出了著名的混合长度理论，其指出 $l_u = \kappa Z$，κ 是卡门常数（κ 约等于 0.41），Z 是到边壁的距离。然而，在植被水流中，由于水流受到多种因素的影响，如植被的密度、直径、排列方式、淹没度、河床底坡及水深等，这个比例系数可能会不同于经典的卡门常数（0.41）。在植被水流情况下，设混合长度 l_u 为（Kubrak et al.，2008）

$$l_u = k_u z \tag{6.7}$$

在这里，k_u 为植被水流情况下混合长度 l_u 表达式中的比例系数，称为卡门系数。当 $H > h_{v2}$ 时，存在两个卡门系数 k_{u1} 和 k_{u2}，分别为植被第 1 层和植被第 2 层混合长度中的卡门系数。

在这里，需要特别注意的是，式（6.7）中的垂向坐标 z 与 Nikuradse 提出的 Z 是不同的。式（6.7）中 z 的起算点是植被层下部与上部的交界面（A 区与 B 区的交界面），如图 6.1 所示。对于植被第 1 层，z 是按照垂向坐标 z_1 来计算的；对于植被第 2 层，z 是按照垂向坐标 z_2 来计算的。

将雷诺应力式（6.6）和混合长度式（6.7）代入控制方程式（6.5）可得植被层上部分区域（B 区）控制方程的详细表达式，为

$$2k_u^2 z^2 \frac{du}{dz} \frac{d^2 u}{dz^2} + 2k_u^2 z \left(\frac{du}{dz} \right)^2 + gi - \frac{1}{2} C_d m D u^2 = 0 \tag{6.8}$$

采用求级数解的方法来求解控制方程（Huai et al.，2014；Hu et al.，2013），即流速由幂级数表示为

$$u = \sum_{n=0}^{+\infty} a_n z^n \tag{6.9}$$

式中：a_n 为流速系数。将该幂级数代入控制方程式（6.8）中求解可以得到植被层上部分区域（B 区）的纵向流速的表达式，为

$$u = u_c \left(1 + \frac{\psi_v}{2} + \frac{\psi_v^2}{40} + \frac{\psi_v^3}{4\,400} + \cdots \right) \tag{6.10}$$

式中：ψ_v 为无量纲常数，其表示在植被层上部分区域（B 区），植被对水流的影响，其形式为

$$\psi_v = \frac{C_d m D}{k_u^2} z \tag{6.11}$$

综上，植被层上部分区域（B 区）的时均流速表达式可以表示如下（注意植被第 1 层与植被第 2 层的植被密度是不同的，并且垂向坐标的起算点也不同）。

对于植被层的 1B 区，垂向坐标以 z_1 坐标系起算，其时均流速表示为

$$u_{1B} = u_{1A} \left[1 + \frac{C_d m_1' D}{2k_{u1}^2} z_1 + \frac{(C_d m_1' D)^2}{40 k_{u1}^4} z_1^2 + \frac{(C_d m_1' D)^3}{4\,400 k_{u1}^6} z_1^3 + \cdots \right] \tag{6.12}$$

其中，k_{u1} 由边界条件来确定，即

$$u_{1B} \big|_{z_1 = h_{u1}} = u_{2A} = \sqrt{\frac{2gi}{C_d m_2' D}} \tag{6.13}$$

同理，对植被层的 2B 区，垂向坐标以 z_2 坐标系起算，其时均流速表示为

$$u_{2B} = u_{2A} \left[1 + \frac{C_d m_2' D}{2k_{u2}^2} z_2 + \frac{(C_d m_2' D)^2}{40 k_{u2}^4} z_2^2 + \frac{(C_d m_2' D)^3}{4\,400 k_{u2}^6} z_2^3 + \cdots \right] \tag{6.14}$$

其中，k_{u2} 由试验来确定。

6.1.3　自由水层的流速分布

当 $H > h_{v2}$ 时，高、低两层植被都是淹没的，位于植被第 2 层之上的区域称为自由水层（或非植被层），如图 6.1（b）所示。自由水层的控制方程为

$$\frac{\partial \tau}{\partial z} + \rho gi = 0 \tag{6.15}$$

类似于植被层的处理方法，雷诺应力依旧采用混合长度理论：

$$\tau = \rho l_n^2 \left(\frac{du_n}{dz_2} \right)^2 \tag{6.16}$$

式中：u_n 为自由水层的时均流速，垂向坐标是从 z_2（植被第 2 层的上、下部分交界处）

起算的。

自由水层混合长度 l_n 表示为

$$l_n = k_n z_2 \tag{6.17}$$

式中：k_n 为自由水层的卡门系数。

联立式（6.15）~式（6.17）求解控制方程，并且忽略水面上风的影响及表面张力的影响，有如下边界条件：

$$\left. \frac{du_n}{dz_2} \right|_{z_2 = h_{u2} + H - h_{v2}} = 0 \tag{6.18}$$

求得的自由水层的时均流速表达式为

$$u_n = \frac{2\sqrt{gi(h_{u2} + H - h_{v2})}}{k_n} \left\{ \ln\left[\tan\left(\frac{1}{2} \arcsin \sqrt{\frac{z_2}{h_{u2} + H - h_{v2}}} \right) \right] + \cos\left(\arcsin \sqrt{\frac{z_2}{h_{u2} + H - h_{v2}}} \right) \right\} + C_{n2} \tag{6.19}$$

需要注意的是，垂向坐标是从 z_2（植被第 2 层的上、下部分交界处）起算的。参数 C_{n2} 可由边界条件式（6.20）求得。

$$u_n \big|_{z_2 = h_{u2}} = u_{2B} \big|_{z_2 = h_{u2}} \tag{6.20}$$

该边界条件即高层植被的顶部流速等于自由水层的起始流速。

6.2　试　验　设　置

试验是在武汉大学水资源与水电工程科学国家重点实验室的长直循环玻璃水槽中进行的，该水槽长 20 m，宽 1 m，深 0.5 m。在水槽的前端有阀门及电子流量计来控制流量，水槽的末端有可调节的尾门。

6.2.1　双层植被的布置

在整个试验过程中，水流为恒定均匀且充分发展的紊流。本试验采用直径为 0.6 cm 的圆柱铁棒来模拟刚性植被，长、短两种铁棒的长度分别为 14 cm 和 24 cm。将这些铁棒安装在长 2 m、宽 1 m、厚 0.003 m 的板子上，将三块板子沿水流方向首尾相接，并放置在水槽中央。铁棒的纵向与横向间隔分别为 11 cm 和 5.3 cm，所以植被第 1 层的密度 $m_1' = 171.5$ m^{-2}；从高、低植被的布置关系可得 $m_1' = 2m_2'$，从而植被第 2 层的密度 $m_2' = 85.75$ m^{-2}。铁棒在塑料底板上均按照平行排列形式布置，其中按照高、低棒的排列形式分为两大类：①工况 X，植被在水流方向上（纵向）按照高低交替排列，在横向上每行的植被高度是统一的，如图 6.2 所示，其中绿色圆柱体表示高植被，黄色圆柱体表示低植被。②工况 Y，植被在纵向和横向两个方向均按照高低交替排列，如图 6.3 所示，其中绿色圆柱体表示高植被，黄色圆柱体表示低植被。

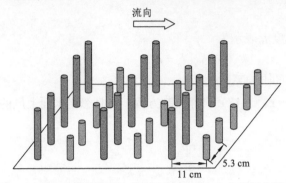

图 6.2　X 工况的植被布置：植被仅在水流方向上高低交替排列

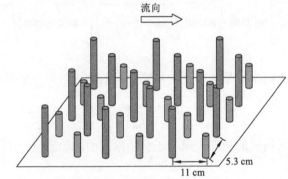

图 6.3　Y 工况的植被布置：植被在横向及纵向均为高低交替排列

6.2.2　PIV 系统的布置

采用美国 TSI 公司生产的 PIV 系统对植被水流的水动力学特性进行测量。该系统采用的摄像仪器的分辨率为 1600 像素×1200 像素，该系统采用 50 mm/F1.8 Nikon 镜头以满足对拍摄区域大小的要求。在试验中，在水面上方通过双脉冲的激光器向水流中发射垂直于水流方向的、厚度为 2 mm 的激光面。每一个测量样本可以得到时间间隔极短、在激光面上的两张试验区域图像，通过专用软件分析、计算这两张图像，得到示踪粒子的运动轨迹，从而可得瞬时的流速场。在试验中，摄像仪和激光发射器在计算机的控制下保持同步。该 PIV 系统的采样频率为 14.5 Hz。

将 PIV 系统的试验区域置于长 6 m、宽 1 m 的植被区的中间位置（在纵向和横向都处于植被区的中间）进行测量。照相机的拍摄区域尺寸为宽 22 cm，高 13 cm。图 6.4 为 PIV 系统示意图。由于植被的横向间隔为 5.3 cm，将横向上中间的植被间隔等距离地划分为 5 个试验截面，即截面相距 1.325 cm。在试验中，采用激光发射器分别照射这 5 个试验截面可得到不同位置处的试验数据，如图 6.5 所示。在本次植被水流试验中，水深的变化范围是 0.207～0.287 m，大于照相机拍摄的范围，故需要在垂向上拍摄不同的区域，才能得到整个水深的水流特性。

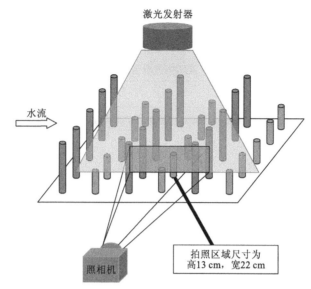

图 6.4 PIV 系统示意图（以 X 工况为例）

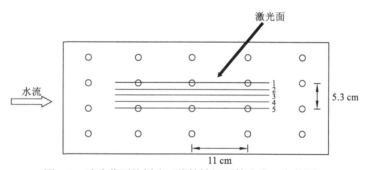

图 6.5 试验截面的划分（将植被间隔等分为 5 个截面）

在保证紊流充分发展的情况下进行试验，利用 PIV 系统记录的 200 组试验样本（每个样本包含两张图像）来研究双层植被情况下的水流特性。采用 Insight 3G 软件对图像进行分析处理可以得到流速的瞬时数据。试验的测量精度设定为 0.00001 m。其中，5个试验截面的流速是不一样的，为了验证本章的流速解析解模型，需要将 5 个截面的数据进行空间平均。空间平均的方法为：首先对测量数据在拍摄区域 22 cm 宽的方向，即水流方向上进行平均，然后沿横向对 5 个试验截面的数据进行平均，最后得到的流速数据是垂向坐标 z 的函数。因为该系统的采样频率较低，不能很好地捕捉到雷诺应力的特性，所以这里并没有列出雷诺应力的数据。在 Okamoto 和 Nezu（2013）的试验中，他们的 PIV 系统的采样频率高达 500 Hz，其得到的雷诺应力数据较好。

试验参数如表 6.1 所示，其中工况 X1～X3 表示植被的排列形式为仅在水流方向上高低交错排列，在横向上植被高度不变，如图 6.2 所示。工况 Y1～Y3 表示植被在水流方向和横向均采用高低交错的排列形式。对于工况 X1、工况 X2、工况 Y1 和工况 Y2，低植被处于淹没状态，而高植被处于非淹没状态。对于工况 X3 和工况 Y3，所有植被都处于淹没状态，且在高植被的上部存在自由水层。表 6.1 中，雷诺数 $Re=UR/\nu$，其中 R

为水力半径，ν 为水的运动黏滞系数，U_1 是低层植被的水深平均速度，U_2 是高层植被的水深平均速度。

表 6.1　双层植被水流试验参数

参数	X1	X2	X3	Y1	Y2	Y3
$Q/$（L/s）	18.7	21.5	30.0	18.7	21.5	30.0
$i/10^4$	3.4	3.4	3.0	3.2	3.4	3.0
$H/$m	0.207	0.233	0.287	0.207	0.233	0.287
Re	13 225	14 666	19 060	13 225	14 666	19 060
$U/$（m/s）	0.090 3	0.092 3	0.104 5	0.090 3	0.092 3	0.104 5
$U_1/$（m/s）	0.074 8	0.076 2	0.070 7	0.077 2	0.078 3	0.073 0
$U_2/$（m/s）	—	—	0.085 2	—	—	0.085 5

6.3　模　型　验　证

6.3.1　参数确定

应用此流速解析解模型需要确定 4 个参数，即拖曳力系数 C_d、植被层上部分区域（B区）的厚度 h_u、高层植被上部 2B 区的卡门系数 k_{u2} 及自由水层的卡门系数 k_n。

1. 拖曳力系数 C_d 的确定

对于拖曳力系数，这里选取 $C_d=1.13$。这个值是 Dunn 等（1996）的试验测量数据的平均值，与 Li 和 Shen（1973）的估计值相吻合，同时这个值也被 Yang 和 Choi（2009）验证对于刚性植被是有效的，并受到广泛采用（Yang and Choi，2010；López and García，2001）。

2. 剪切涡的入侵深度的确定

植被层上部分区域（B 区）的厚度等于涡的入侵深度，其受到多种因素的影响。例如，植被密度的大小会影响水流的结构（Poggi et al.，2004；Raupach et al.，1996）。Nepf等（2007）针对单层植被水流，提出了涡的入侵深度 δ_e 的表达式：

$$\delta_e = \frac{0.23 \pm 0.6}{C_d mD} \tag{6.21}$$

然而，在双层植被水流中，层与层之间的相互影响会使涡的入侵深度发生变化，故式（6.21）并不适用于双层植被水流。在这里，类比单层植被水流的入侵深度表达式，

通过引入新的参数 η_{veg}，提出针对双层植被水流的入侵深度表达式，为

$$h_{\text{u}} = \frac{\eta_{\text{veg}}}{C_{\text{d}}mD} \tag{6.22}$$

通过把解析解模型拟合到实测数据，得到参数 η_{veg} 的值。

3. 卡门系数 k_{u2} 和 k_{n} 的确定

对于 B 区和自由水层的卡门系数 k_{u2} 与 k_{n}，由于理论机理很复杂，至今没有很好的理论结果。在这里，通过试验来获取这两个参数。针对试验的计算参数如表 6.2 所示。

表 6.2　双层植被水流试验的计算参数

参数	X1	X2	X3	Y1	Y2	Y3
C_{d}	1.13	1.13	1.13	1.13	1.13	1.13
k_{u1}	0.160	0.160	0.160	0.160	0.160	0.160
k_{u2}	—	—	0.164	—	—	0.164
k_{n}	—	—	0.21	—	—	0.20
η_{veg}	0.02	0.02	0.02	0.02	0.02	0.02
h_{u1} /m	0.017 2	0.017 2	0.017 2	0.017 2	0.017 2	0.017 2
h_{u2} /m	—	—	0.034 4	—	—	0.034 4

6.3.2　计算结果对比

将本章推导出的流速解析解模型与实测流速值进行对比，结果如图 6.6（a）～（f）所示。图 6.6 中的流速数据点是时间和空间双平均之后的流速值。其中，对于水深高于低植被，且低于高植被的情况（工况 X1、工况 X2、工况 Y1、工况 Y2），从图 6.6（a）、（b）、（d）、（e）可以看出，在植被第 1 层中，A 区（植被层下部）的纵向流速在垂向上基本保持不变，B 区（植被层上部）的纵向流速随着垂向坐标的增大而逐渐增加。在植被第 2 层中，水流的纵向流速在垂向上基本恒定不变。

对于工况 X3 和工况 Y3，所有植被都处于淹没状态，如图 6.6（c）和（f）所示，每个植被层都包含 A、B 两个区域，试验所得的流速分布形式如下：A 区（植被层下部）的纵向流速在垂向上基本保持不变，B 区的纵向流速随着垂向坐标的增大而逐渐增大。由于植被第 2 层的密度小于植被第 1 层，可以看出植被第 2 层的流速要大于植被第 1 层的流速，相比单层植被水流的流速特性（Huai et al.，2009c），双层植被情况下的流速分布较为复杂。

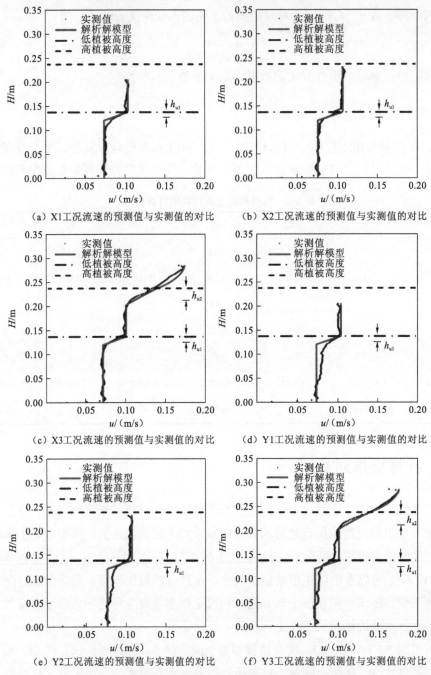

图 6.6　不同工况下的流速分布解析解与实测值的对比

　　从图 6.6 可以看出，针对双层植被存在情况下的流速分布，解析解模型的预测值（图中实线）与实测值（图中数据点）吻合良好，表明该模型对双层植被存在下的纵向水流流速的垂向分布的预测是准确的。

6.4 本章小结

总体而言，本章推导出的流速解析解模型适用于 X、Y 这两种植被布置形式的双层植被水流。通过 X 工况和 Y 工况下模型预测值与实测值的对比可以看出，该流速解析解模型对 X 工况的流速预测要比对 Y 工况的流速预测好。从图 6.6（d）～（f）可以看到，A 区中的流速虽然可以近似认为在垂向不变，但是随着垂向坐标的增大，流速略有逐渐增加的趋势。相比而言，X 工况下 A 区的流速更符合本模型的预测值。同时，从图 6.6 中还可以看出，Y 工况下的植被阻力要比 X 工况下的植被阻力小。因此，不同的植被布置形式对阻力的影响还是存在的，关于不同植被布置情况下的阻力特性，还有待更为深入的研究。此外，Nepf 等（2007）对单层淹没植被提出的入侵深度的公式并不适用于本章所研究的双层植被水流情况。本章通过引入新的参数 η_{veg} 作为 Nepf 等（2007）公式中的分子，提出针对双层植被水流的入侵深度公式，并从本试验中得到 $\eta_{veg}=0.02$，这里需要注意的是，这个值是从本试验工况中得到的，在其他工况条件下，该参数有可能发生变化，需要更多的研究工作才能从理论上确定该参数的取值。本试验中，植被层的卡门系数 k_u 在 0.16 附近浮动，这比单层植被水流情况下的卡门系数要小（Hu et al.，2013）。对于自由水层的卡门系数，工况 X3 和工况 Y3 的卡门系数 k_n 分别为 0.21 与 0.20，符合 Hu 等（2013）提出的卡门系数范围。

针对双层植被存在的情况，本章提出了水流纵向流速的垂向分布的解析解模型。根据紊动特性的不同，在垂向上对植被层分不同区域分别求解水流的控制方程，其中还采用求级数解的数学算法得到了流速的解析解形式。在试验中采用 PIV 系统得到了不同工况下的流速数据，并对其进行时间和空间的双平均处理，然后与本流速解析解模型进行对比。经过对比，该流速解析解模型的预测值与实测值吻合很好，表明该模型适用于双层植被情况下水流纵向流速的垂向分布的预测。

第7章 植被影响下的纵向离散系数

在天然河道中，深泓线附近的水流流速大，不适合水生植物生长，同时为了保证河道的通航能力，河道的主槽区也不适合加种植被，因此，水生植物往往生长在河流的近岸区域或河漫滩上，形成部分分布有植被的复合型河槽。此时，主槽区与植被区之间因为巨大的流速梯度会形成紊动强烈的混合层，从而大大改变河流的水流结构，进而影响河道中的物质输运特性，改变污染物的混合输移过程。对于宽浅型的天然河道，尤其是当生长在近岸区域或河漫滩上的植被为非淹没植被时，水流的垂向不均相对于横向不均小，故在研究污染物离散时，可以忽略水流的垂向不均。同时，在植被区中，水流受到植被阻力的影响，流速较小，而在主槽区中流速很大，两者之间会形成强烈的混合区，发生水体中物质能量的强烈混合。下面分两种方法进行植被影响下的水流纵向离散研究，其中7.1节主要阐述基于分区模型的纵向离散系数研究，7.2节阐述基于随机位移模型的纵向离散系数研究。

7.1 基于分区模型的纵向离散系数研究

出于植被的布局原因，在求解纵向离散系数时应当重点考虑水流流速分布的横向不均引起的纵向离散。Perucca 等（2009）利用沿水深积分的纳维-斯托克斯方程，采用 SKM 求解这一方程，得到了部分覆盖非淹没刚性植被河道的纵向流速的横向分布，并结合 Fischer（1967）提出的三次积分公式得到了估算纵向离散系数的方法。然而在此方法中，为了求解沿水深积分的纳维-斯托克斯方程，必须给出二次流项的确定方法，而这一项只能通过试验数据率定，存在较大的不确定性，在缺乏实测资料的情况下难以得到准确而可靠的取值。为了更加方便和可靠地预测部分覆盖非淹没刚性植被河道的纵向离散系数，本节将提出一种基于 Boxall 和 Guymer（2007）的 N 区模型的纵向离散系数预测方法。

7.1.1 三区模型构建

参考 Boxall 和 Guymer（2007）的 N 区模型，对于部分覆盖非淹没刚性植被工况下的纵向离散系数的估计，采用横向上的 N 区模型，并将 N 的取值设为 3。1 区与 3 区（Zone I 和 Zone III）为两个对称的植被区，2 区（Zone II）为主槽区，纵向离散系数可以表示为（史浩然，2019）

$$K_x = \frac{\left(\dfrac{B_1}{B}\right)^2 \left(\dfrac{B_2+B_1}{B}\right)^2 (V_{2,3}-V_1)^2}{p_{1,2}} + \frac{\left(\dfrac{B_1+B_2}{B}\right)^2 \left(\dfrac{B_3}{B}\right)^2 (V_{1,2}-V_3)^2}{p_{2,1}} \\ + \frac{B_1}{B}K_1 + \frac{B_2}{B}K_2 + \frac{B_3}{B}K_3 \tag{7.1}$$

式中：$V_{2,3}$ 为 2 区和 3 区的加权平均流速；V_1 为植被 1 区的平均流速；$V_{1,2}$ 为 1 区和 2 区的加权平均流速；V_3 为植被 3 区的平均流速；$p_{1,2}$ 和 $p_{2,1}$ 分别为 1 区到 2 区和 2 区到 1 区的横向交换系数；B_1、B_2、B_3 分别为 1 区、2 区、3 区的宽度；K_1、K_2、K_3 分别为 1 区、2 区、3 区的纵向离散系数。

下面首先讨论各分区内的纵向离散系数 K_1、K_2、K_3。植被区内，纵向流速的垂向平均值的横向分布近乎均匀，根据 Fischer（1967）提出的三次积分公式，对于这种均匀的流速分布，可以认为 $K_1=K_3\approx0$。而对于主槽区内的纵向离散系数 K_2，有（Wang and Huai，2016）

$$K_2 = 0.079\,8 \left(\frac{B_2}{B}\right)^{0.6239} \left(\frac{V_2}{u_*}\right)^2 Hu_* \tag{7.2}$$

式中：V_2 为主槽 2 区的平均流速。

参考 Murphy 等（2007）的方法，利用物质输移横穿植被区的时间尺度来计算 $p_{1,2}(=p_{2,3})$：

$$p_{1,2}^{-1} = p_{2,3}^{-1} \approx T_{\text{veg}} \approx \frac{(B_1 - \delta_1)^2}{e_{y(\text{vegetation})}} + \frac{\delta_1}{k_{\text{trans}}} \tag{7.3}$$

式中：$p_{2,3}$ 为 2 区到 3 区的横向交换系数；T_{veg} 为物质输移横穿植被区的时间尺度；$e_{y(\text{vegetation})}$ 为植被稳定区内的横向扩散系数。

Nepf（2004）指出，在非淹没刚性植被影响下，横向扩散系数与垂向扩散系数大小相当，同时提出利用式（7.4）计算植被影响下的垂向扩散系数，从而横向扩散系数也可以用式（7.4）进行计算，故

$$e_{y(\text{vegetation})} = \alpha'(C_d a D)^{1/3} V_1 D \tag{7.4}$$

式中：α' 为一无量纲系数，Nepf（1999）建议该系数可取为 0.8。

式（7.3）中的参数 k_{trans} 为植被混合区内的横向交换系数，通过对涡漩频率的分析，White 和 Nepf（2008）指出：

$$k_{\text{trans}} = \beta_{\text{trans}} \delta_O \frac{0.032\overline{U}}{\theta_{\text{mom}}} \tag{7.5}$$

式中：β_{trans} 为交换速率参数，取值为 0.3 ± 0.04；δ_O 为混合层在主槽内的特征宽度；$\overline{U} = (U_1 + U_2)/2$，为植被区与主槽区流速的算术平均值；$\theta_{\text{mom}}$ 为动量厚度，定义为

$$\theta_{\text{mom}} = \int_{-\infty}^{\infty} \left\{ \frac{1}{4} - \left[\frac{\langle \overline{U} \rangle - (U_1 + U_2)/2}{\Delta U} \right]^2 \right\} dy \tag{7.6}$$

式中：$\langle \overline{U} \rangle$ 为除去植被体积影响的空间平均流速；$\Delta U = U_2 - U_1$，为流速差。

White 和 Nepf（2008）指出：

$$\frac{\delta_O}{\theta_{\text{mom}}} = 3.3 \pm 0.04 \tag{7.7}$$

7.1.2　试验设置

本小节的研究工况为，部分分布有非淹没刚性植被的河道工况（河道主槽无植被生长，近岸区域长有非淹没的刚性植被）。为了模拟这一工况，在武汉大学水资源与水电工程科学国家重点实验室中的人工渠道中进行了相关试验。所用水槽宽 1 m，长 20 m，包括长 6 m 的进口段、长 8 m 的试验观测段和长 6 m 的出口段。进口段及出口段均为水泥水槽，试验观测段则用有机玻璃制成。在试验观测段内，水槽左、右各布置宽度相等的植被区，中间区域则为无植被的主槽。植被区内的植被用直径为 8 mm，长为 25 cm（h_v）的有机圆柱体玻璃棒模拟，每两个相邻玻璃棒之间间隔 5 cm，玻璃棒始终保持非淹没的状态。试验河槽横断面示意图如图 7.1 所示，此水槽为矩形断面。试验共分为两组：在进行第一组试验时，水槽的底坡为 0.04%（工况 A1~工况 A3），每个植被区的宽度为 0.25 m，主槽宽 0.5 m；在进行第二组试验时，渠道底坡为 0.1%，每个植被区的宽度为 0.275 m，主槽宽 0.45 m。

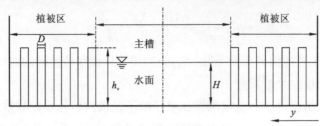

图 7.1　试验河槽横断面示意图

　　试验前，将两个浓度仪布置在河道中，并连接在同一计算机上，以保证两个浓度仪的测量时间一致。使用的两个浓度仪均为美国 YSI 公司生产的罗丹明浓度仪，型号一致。两个浓度仪都布置在 $y=0.5\text{ m}$ 处（河道中央），垂向位置为水深的一半。在第一组试验中，第一个浓度仪与试验观测段首端的纵向距离为 2.5 m，第二个浓度仪与试验观测段首端的纵向距离为 7 m。在第二组试验中，第一个浓度仪与试验观测段首端的纵向距离为 2.56 m，第二个浓度仪与试验观测段首端的纵向距离为 5.89 m。浓度仪的布置及试验渠道可见图 7.2 及图 7.3。在试验开始前，预先配置好罗丹明的水溶液，试验开始时，在试验观测段首端将其快速倒入渠道中，并保证倒入的溶液量在横向上保持均匀。与此同时，单击浓度仪测量按钮，开始测量，利用浓度仪测量浓度仪布置处（上下游，两处）的浓度过程线（浓度随着时间变化）。两组试验，每组试验进行三次，每次试验保持其他量不变，只改变水深。同时保证在各次试验中，水槽的宽深比均大于 5，只要满足这一条件，即可认为水槽是宽浅型的，从而忽略水流的垂向不均，实现在垂向上的平均。同时，因为各次试验的水深均小于 20 cm，可认为污染物在垂向上迅速充分混合，当污染云团

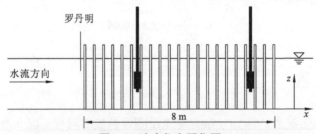

图 7.2　浓度仪布置位置

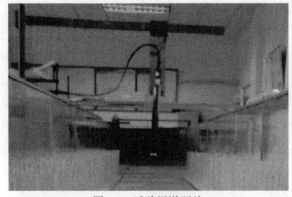

图 7.3　试验渠道照片

到达测量点时，可认为污染物浓度在垂向上保持均匀。本试验的工况与 Perucca 等（2009）的工况相似，Perucca 等（2009）的试验表明，当测量断面与污染物释放位置的距离足够远时，测量断面内的污染物浓度分布均匀，而在本试验中选取的测量断面均远于 Perucca 等（2009）选取的试验断面。在各次试验中改变水深，各次试验的工况数据见表 7.1。

表 7.1 各次试验的工况数据

工况	植被区宽/cm	主槽区宽/cm	水深/cm	a/m^{-1}	植被高度/cm	底坡/%
A1	25	50	12.0	3.2	25	0.04
A2	25	50	14.0	3.2	25	0.04
A3	25	50	16.0	3.2	25	0.04
B1	27.5	45	8.1	3.2	25	0.1
B2	27.5	45	13.8	3.2	25	0.1
B3	27.5	45	18.8	3.2	25	0.1

7.1.3 试验结果

河道的水流流速分布对排入河道内的污染物的混合输移起着决定性的作用，要想进一步研究河道内污染物的混合输移过程，首先需要研究清楚河道内的水流流速分布，在此基础上，才能结合污染物混合输移规律，分析植被对污染物混合输移过程的影响。对于部分覆盖非淹没刚性植被的河道水流，近岸区域或河漫滩上的植被实际上大大影响了整个河槽中的水流结构，尤其是对纵向流速垂向平均值的横向分布影响巨大。图 7.4 为部分覆盖非淹没刚性植被的水槽的俯视图。图 7.5 展示了部分覆盖非淹没刚性植被的水槽中的垂向平均流速的横向分布规律。其中，实线 1 表示在河道两侧分布有对称的植被区的情况下，该河道半个断面纵向流速的垂向平均值的横向分布，因这种河道分布是左右对称的，另一半河道断面纵向流速的垂向平均值的横向分布可直接对称得到，在此不再赘述。虚线 2 表示的是在河道只有一侧覆盖有植被的工况下，整个断面的纵向流速的垂向平均值的横向分布，在这一曲线的右端，考虑到边壁的无滑移边界条件，在右岸处流速降低为零。与此同时，该混合区入侵至主槽内的宽度为 $2\delta_O$［δ_O 表示外层厚度，详见 White 和 Nepf（2008）］。因此，混合区的范围为 $y_0 - \delta_I < y < y_0 + 2\delta_O$，在此之外，则是两个流速相对稳定的区域（植被稳定区与主槽稳定区，稳定流速分别为 U_1、U_2）。

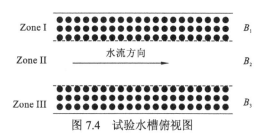

图 7.4 试验水槽俯视图

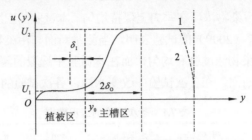

图 7.5 垂向平均流速的横向分布

如果将横向的流速分布在各个区域内进行平均，仅仅关注各区域（Zone I、Zone II、Zone III）内的平均流速，前人的研究发现了许多有趣的现象。Huang 等（2002）的研究表明，有植被覆盖的河漫滩会加快主槽内的流速。Jiang 等（2015）研究了主槽与植被覆盖的河漫滩之间的动量交换，并由此计算表观切应力，在计算时通过试验数据率定了表观切应力系数。罗婧和槐文信（2014）则将断面分为植被区与主槽区，并研究其相互影响。通过建立紊流唯象模型，提出了预测各区域内平均流速的方法，应用到如图 7.4 所示的试验工况后，得

$$V_1 = V_3 = C_1\sqrt{R_1 S_0} \left\{ \delta_1 / [1 + 2\alpha(\beta_1 + \beta_2) + C_d K(\beta_1 + 2\alpha\beta_1\beta_2)] \right\}^{1/2} \tag{7.8}$$

$$V_2 = C_2\sqrt{R_2 S_0} \left[\frac{\delta_2 + K C_d \beta_1}{1 + 2\alpha(\beta_1 + \beta_2) + C_d K(\beta_1 + 2\alpha\beta_1\beta_2)} \right]^{1/2} \tag{7.9}$$

其中，$\delta_1 = 1 + 2\alpha[\beta_2 + \beta_1 C_2^2 R_2 / (C_1^2 R_1)]$，$\delta_2 = 1 + 2\alpha[\beta_1 + \beta_2 C_2^2 R_1 / (C_2^2 R_2)]$，$\beta_1 = HC_1^2 / (2gP_1)$，$\beta_2 = HC_2^2 / (2gP_2)$，$\alpha = K_T (r' / R)^{1/3} (\beta / 2)$，$\beta = 1$，$K_T = 0.069$，$K = aB_1$。这里的 C_1、C_2 是谢才系数，R_1、R_2 是水力半径，P_1、P_2 是湿周。$V_1 = V_3$、V_2 分别为植被区与主槽区的平均流速。$r' = \min\{\delta_1, B_2, H / 2\}$，$R_1 = R_2 \approx H$。

植被区与主槽区的算数平均流速 $[\overline{U} = (U_1 + U_2) / 2]$ 是度量混合区混合强度的重要物理参数，White 和 Nepf（2008）在底坡为零的水槽中进行了试验，并提出下述公式计算 U_1 与 U_2：

$$\frac{1}{2} C_d a U_1^2 = -g\frac{dH}{dx} \tag{7.10}$$

$$\frac{1}{8} f U_2^2 = -gH\frac{dH}{dx} \tag{7.11}$$

其中，dH / dx 为水面坡降。式（7.10）、式（7.11）形式简洁，然而水面坡降需要测量才能获得，且测量难度较大，即使得到相关数据，数据的可靠性和精确度也难以保证。SKM 同样可用于计算 U_1 与 U_2，然而，水深平均后的纳维-斯托克斯方程中，二次流项难以确定。为了解决这一问题，下面将提出一个较为简单的方法计算算数平均流速 $\overline{U}$。

式（7.8）与式（7.9）分别给出了植被区和主槽区平均流速的计算方法，计算结果记为 V_{1c} 与 V_{2c}。由图 7.5 可知，U_1、U_2 与 V_1、V_2 相差不大，可尝试建立一个线性关系来估算 $\overline{U}$：

$$\overline{U} / \zeta = (V_{1c} + V_{2c}) / 2 \tag{7.12}$$

其中，ζ 为修正系数。通过分析 White 和 Nepf（2008）、Chen 等（2010）及 Shimizu 等（1992）的数据率定 ζ，得到 ζ 约等于 1.2，图 7.6 展示了 ζ 取 1.2 时的误差。几乎所有的数据点的误差都在 20%以下，表明式（7.12）的精度较高，适应性较好，在没有具体数据时，可以用来进行计算。

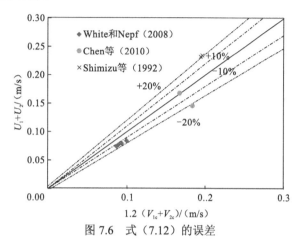

图 7.6　式（7.12）的误差

7.1.4　模型验证

为验证提出的预测部分覆盖非淹没刚性植被影响下的纵向离散系数的三区模型，在武汉大学水资源与水电工程科学国家重点实验室内进行了相关试验，试验共分为两组，每组有三次试验，试验工况见表 7.1，第一组试验（工况 A1～工况 A3）进行时，试验水槽的底坡为 0.04%，在进行第二组试验（工况 B1～工况 B3）前，武汉大学水资源与水电工程科学国家重点实验室进行了一次水槽改造，将水槽的底坡变为 0.1%。在每组试验中，共进行三次试验，每次试验改变水深。在每次试验中，可得到上下游两条浓度过程线（图 7.7），现利用使用广泛的演算法（Fischer，1968）对试验数据（两条浓度过程线）进行处理，从而得出实测的纵向离散系数。该方法将下游的污染物看作上游污染物随流扩散的结果，并利用上游的浓度过程线，试算纵向离散系数，预测下游的浓度过程线，并得出与下游实测浓度过程线拟合最好的纵向离散系数。

具体步骤如下。

首先，选择一个纵向离散系数，将之与上游的浓度过程线数据一起代入式（7.13），便可得到一个下游的浓度过程线，再将这一预测得到的下游浓度过程线与实测的浓度过程线对比，计算误差。然后，根据选取的步长，选取第二个纵向离散系数，重复上述步骤，计算误差。最后，选取浓度过程线误差最小的纵向离散系数作为最终的纵向离散系数。

$$C(x_2,t) = \int_{-\infty}^{\infty} \frac{C(x_1,t)}{\sqrt{4\pi K_x(\overline{t_2}-\overline{t_1})}} \exp\left\{\frac{[x_2-x_1-V(t-t_\tau)]^2}{4K_x(\overline{t_2}-\overline{t_1})}\right\} V \mathrm{d}t_\tau \tag{7.13}$$

式中：t_r 为时间积分步长；$\overline{t_1}$ 为污染云团经过上游断面的平均时间；$\overline{t_2}$ 为污染云团经过下游断面的平均时间；V 为云团速度。

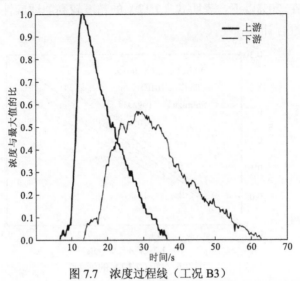

图 7.7　浓度过程线（工况 B3）

如上所述，假定不同的 K_x，利用式（7.13）及上游实测污染物浓度过程线 $C(x_1, t)$ 来计算下游污染物浓度过程线，预测值计为 $P(x_2, t)$，与实测的下游污染物浓度过程线 $C(x_2, t)$ 比较并计算精度：

$$R_t^2 = 1 - \left\{ \frac{\sum [C(x_2, t) - P(x_2, t)]^2}{\sum C(x_2, t)} \right\} \tag{7.14}$$

以 R_t^2 为目标函数，试算 K_x 的值，使得 R_t^2 尽可能接近于 1，计算程序如下[本程序改编自刘金鑫（2014）的相关程序，在此表示感谢]。

```
clear;
deltaK=0.001;N=482;Kmin=0.01;Kmax=1;eps=10^-12;
data=xlsread('data.xlsx');x1=2.56;x2=5.89;
data1=[data(:,1),data(:,2)];data2=[data(:,3),data(:,4)];
t1=data(:,1);t2=data(:,3);deltat1=0.2;
deltat2=0.2;C_a1=data(:,2);C_a2=data(:,4);
t_aver1=sum(C_a1.*t1)/sum(C_a1);
t_aver2=sum(C_a2.*t2)/sum(C_a2);
v=0.23;tt1=sum(C_a1.*t1)/sum(C_a1);
tt2=sum(C_a2.*t2)/sum(C_a2);
K=Kmin:deltaK:Kmax;
n=size(K,2);F=zeros(N,1);F_2=zeros(N,1);F_3=zeros(N,1);
C_a2_pre=zeros(N,1);
C_a2_pre_2=zeros(N,1);
```

```
C_a2_pre_3=zeros(N,1);
epsilon=zeros(N,1);epsilon_sum=zeros(n,1);
for i=1:n
for j=1:N
for k=1:N
F(k)=C_a1(k)/sqrt(4*pi*K(i)*(tt2-tt1))*...
exp(-(x2-x1-v*(t2(j)-t1(k)))^2/4/K(i)/(tt2-tt1))*v;
end
C_a2_pre(j)=(sum(F)-(F(1)+F(N))/2)*deltat1;
epsilon(j)=(C_a2_pre(j)-C_a2(j))^2;
end
epsilon_sum(i)=sqrt(sum(epsilon))/N;
end
K_best=K(find(epsilon_sum==min(epsilon_sum)))
ans
K_best
K_best_2=K_best/2;
K_best_3=K_best*2;
figure(1)
plot(t1,C_a1,'r',t2,C_a2,'g')
xlabel('\itt\rm(s)');
ylabel('\itC_a\rm(L/L)');
legend('断面 1 实测','断面 2 实测');
grid;
set(gca,'FontName','TimesNewRoman');
set(get(gca,'xlabel'),'FontName','TimesNewRoman');
set(get(gca,'ylabel'),'FontName','TimesNewRoman');
figure(2)
plot(K,epsilon_sum,'k','linewidth',2);
xlabel('\itK');
ylabel('\it\epsilon_K');
grid;
set(gca,'FontName','TimesNewRoman');
set(get(gca,'xlabel'),'FontName','TimesNewRoman');
set(get(gca,'ylabel'),'FontName','TimesNewRoman');
for j=1:N
for k=1:N
```

```
F(k)=C_a1(k)/sqrt(4*pi*K_best*(tt2-tt1))*...
exp(-(x2-x1-v*(t2(j)-t1(k)))^2/4/K_best/(tt2-tt1))*v;
end
C_a2_pre(j)=(sum(F)-(F(1)+F(N))/2)*deltat1;
end
figure(3)
plot(data2(:,1),data2(:,2),'r.',t2,C_a2_pre,'g','linewidth',2);
hold on
for j=1:N
for k=1:N
F_2(k)=C_a1(k)/sqrt(4*pi*K_best_2*(tt2-tt1))*...
exp(-(x2-x1-v*(t2(j)-t1(k)))^2/4/K_best_2/(tt2-tt1))*v;
end
C_a2_pre_2(j)=(sum(F_2)-(F_2(1)+F_2(N))/2)*deltat1;
end
plot(t2,C_a2_pre_2,'b','linewidth',2);
hold on
for j=1:N
for k=1:N
F_3(k)=C_a1(k)/sqrt(4*pi*K_best_3*(tt2-tt1))*...
exp(-(x2-x1-v*(t2(j)-t1(k)))^2/4/K_best_3/(tt2-tt1))*v;
end
C_a2_pre_3(j)=(sum(F_3)-(F_3(1)+F_3(N))/2)*deltat1;
end
plot(t2,C_a2_pre_3,'m','linewidth',2);
xlabel('\itt\rm(s)');
ylabel('\itC_a\rm(L/L)');
legend('实测','理论');
grid;
set(gca,'FontName','TimesNewRoman');
set(get(gca,'xlabel'),'FontName','TimesNewRoman');
set(get(gca,'ylabel'),'FontName','TimesNewRoman');
```

图 7.8 显示了将得到的最优的纵向离散系数代入演算法公式（7.13）得到的下游浓度过程线 $C(x_2,t)$ 的预测值与实测值的比较，拟合良好。

之后将演算法得到的纵向离散系数与三区模型计算得到的纵向离散系数对比，计算平均相对误差以评估模型精度，误差结果见表 7.2。

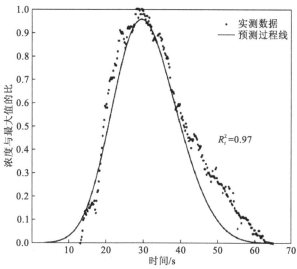

图 7.8   浓度过程线预测值与实测值的对比（工况 B3）

表 7.2   三区模型误差

工况	H/cm	K_e/（m²/s）[a]	K_c/（m²/s）[b]	MRE/%[c]
A1	12.0	0.055	0.067	21.8
A2	14.0	0.060	0.068	13.3
A3	16.0	0.063	0.069	9.5
B1	8.1	0.137	0.117	14.6
B2	13.8	0.167	0.125	25.1
B3	18.8	0.100	0.127	27.0

a K_e 为利用演算法计算得到的纵向离散系数；

b K_c 为利用式（7.1）计算得到的纵向离散系数；

c MRE 为 K_e 与 K_c 的平均相对误差。

7.1.5   实际应用问题

考虑到本节三区模型的提出和验证均基于对矩形断面水槽的分析与试验，若将该模型直接用于天然河道，必然产生较大误差。在天然河道中，植被的分布是随机的，各个植被之间的间隔距离，每个植被的宽度、高度等都不同，因此在应用混合层理论时会出现较大偏差。另外，在本节的模型中，使用了规则的圆柱来模拟植被，然而天然河道中生长的植被大多形状不规则，且具有一定的柔性，在水流的作用下会发生相应的弯曲，这会使得水流的结构形态更加复杂，从而改变污染物的输移过程（Cheng，2011）。同时，树冠型的植被（如红树林）在垂向上植被密度不均一，会造成额外的切应力，使流速的垂向分布不均，改变离散过程（Lightbody and Nepf，2006）。除此以外，河流的蜿蜒性也在污染物混合中起着重要的作用（Boxall and Guymer，2007）。最后，就像 Deng 等（2001）所讨论的那样，天然河道的横断面并非规则的矩形，各处的水深、河床粗糙度并不相同，这也会大大影响污染物的纵向离散。在河床上产生的凸起、凹陷、岩石等则会形成水流的死区，这些也会对污染物的混合输移过程产生影响。Wang 和 Huai（2016）在试图将实验室水槽内得到的公式应用于天然河道时发现，$\ln(K_{xn}/Hu_*)$ 与 $\ln(K_{xr}/Hu_*)$ 之间存在近似线性的关系，其中，K_{xn} 是天然河道的纵向离散系数，K_{xr} 是与该河道具有相同物理参数（河宽、水深等）的矩形水槽中的纵向离散系数：

$$\ln(K_{xn}/Hu_*) = 0.5815\ln(K_{xr}/Hu_*) + 4.3223 \tag{7.15}$$

若想将本节提出的三区模型应用于天然河道中，可以假设式（7.15）对于有植被覆盖的河道依然成立，故可以先计算出具有相同物理参数的矩形水槽中的纵向离散系数，再利用式（7.15）进行放大。然而，就目前而言，考虑到植被影响的天然河道中的纵向离散系数的实地测量结果较少，式（7.15）中参数的率定及其准确性依然需要进一步的试验和理论研究。

7.2 基于随机位移模型的纵向离散系数研究

污染物输移的数值模拟方法主要分为欧拉法和拉格朗日法。目前，部分挺水植被水流中污染物输移的相关研究主要采用根据纵向离散系数求解随流扩散方程的欧拉法，研究重点为对纵向离散系数的经验公式进行优化。例如，通过扩展 Chikwendu（1986a，1986b）提出的 N 区模型建立三区模型，或者应用傅里叶变换简化计算过程等，但由于试验往往受到场地条件的限制，实测纵向离散系数通常不太准确，无法为推导成果提供有效的验证。

为了解决以上问题，并克服欧拉法在高浓度梯度附近的数值离散现象和需要覆盖整个区域的缺点，本节采用一种叫作随机位移模型的拉格朗日法来研究部分挺水植被水流的纵向离散过程。该模型目前主要用于估算作物冠层的孢子逃逸，以及结合孔隙网络模型模拟多孔介质中的分子位移分布，虽然计算量较大，但结果更加直观形象，提供了连接颗粒尺度微观运动与宏观输运过程的桥梁。当将随机位移模型应用于植被水流纵向离散的研究时，由于该模型直接使用独立运动的离散颗粒来描绘物质的输移，不再需要求解随流扩散方程。

7.2.1 随机位移模型原理

随机位移模型主要基于菲克定律和断面流速分布来模拟污染物在流动水体中的输运。在随机位移模型中，用大量离散的无质量颗粒来表示水体中的污染物（假设这些颗粒的运动是独立且随机的，不受浓度的影响），然后追踪这些颗粒的位置，使用统计方法得出某一断面的颗粒通量即浓度。图 7.9 为根据随机位移模型绘制的不同时刻的浓度沿流程的分布情况。从图 7.9 可以看出，后两个时刻的浓度分布都很好地遵循了高斯分布，从侧面验证了随机位移模型的正确性。该模型通过 MATLAB 编程实现（梁雪融，2019）。

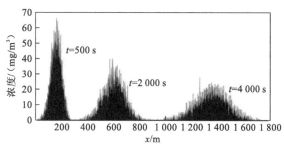

图 7.9　随机位移模型计算结果

假设各变量在垂向是不变的，模拟一个由流向和横向组成的二维域。起初颗粒在某一横断面均匀分布，然后对释放的离散颗粒进行追踪。由于 5 000 个粒子与 10 000 个粒子的结果相差小于 5%，故每次运行的粒子数量选择 5 000。根据 Gardiner（1985）的推导，在每个时间步长中，粒子的位置由水流平均速度和横向紊动扩散系数决定，用于模拟粒子位置的方程是

$$\begin{cases} \Delta x = \left(\dfrac{\partial E_x}{\partial x} + u \right) \Delta t + \sqrt{2 E_x \Delta t} \, R_{G1} \\ \Delta y = \left(\dfrac{\partial E_y}{\partial y} + v \right) \Delta t + \sqrt{2 E_y \Delta t} \, R_{G2} \end{cases} \tag{7.16}$$

式中：E_x、E_y 为纵向、横向紊动扩散系数；u、v 为纵向、横向水流速度；R_{G1}、R_{G2} 为标准高斯分布中的两个独立随机变量。

式（7.16）右边第 2 项表示湍流输运，R_{G1}、R_{G2} 是从平均值为 0 的高斯分布中选取的随机数，标准差为 1；第 1 项表示确定的力作用下颗粒位置改变的结果，其中扩散系数梯度可避免颗粒在低弥散度区的人工积累。模型的时间步长 Δt 受到限制，以使每个时间步长内的粒子随机扩散尺度小于对流效应（Wilson and Yee，2007）。由于纵向紊动扩散相比于纵向对流可以忽略，横向水流速度接近于 0，式（7.16）可以进一步简化为

$$\begin{cases} \Delta x = u \Delta t \\ \Delta y = \dfrac{\partial E_y}{\partial y} \Delta t + \sqrt{2 E_y \Delta t} \, R_G \end{cases} \tag{7.17}$$

在计算区域中，颗粒遵循式（7.17）在水流中进行随机运动，垂向平均流速 $U(y)$ 和横向紊动扩散系数 $E_y(y)$ 的横向分布公式将在第 7.2.2 小节中描述。为了防止随机运动的颗粒游走到计算区域以外，需要给出相应的边界条件，河道两侧可以处理为反射边界。σ_x^2 模拟出颗粒在每一时间步的位置后，通过统计颗粒群纵向分布的方差，可以根据式（7.18）计算得到纵向离散系数 K_x：

$$K_x = \frac{1}{2} \frac{\sigma_x^2(t_2) - \sigma_x^2(t_1)}{t_2 - t_1} \tag{7.18}$$

由于随机位移模型的准确性已由 Liang 和 Wu（2014）进行了验证，故本节直接将该模型运用于部分挺水植被的纵向离散研究。

7.2.2 模型参数确定

1. 垂向平均流速的横向分布

研究对象为河道两侧沿岸生长有对称挺水植被的明渠均匀流，为了简化后续分析，图 7.10 只绘制了对称河道一半的水流结构。从图 7.10 可以看出，植被区速度较小，与主槽区的流速差异较大，使中间的过渡区域形成剪切涡（开尔文-亥姆霍兹涡）。剪切涡一部分渗透进植被中，对植被区的水流结构造成影响，这部分宽度被称为入侵宽度，也即剪切涡里层宽度。

$$\delta_I = \max\{0.5 / C_d a, 1.8D\} \tag{7.19}$$

式中：C_d 为植被拖曳力系数，通常取值为 1；a 为单位水体的植被面积，表征植被密度，$a = mD$，m 为每平方米的植被个数，D 为植被直径。

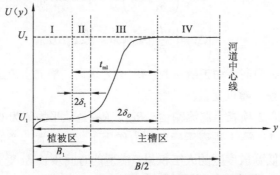

图 7.10 垂向平均流速的横向分布示意图

剪切涡扩展到主槽区的宽度即剪切涡外层宽度约为 $2\delta_O$，与速度梯度的发展相匹配。因此，总的剪切涡宽度为 $t_{ml} = 2\delta_I + 2\delta_O$。在这一过渡区域，开尔文-亥姆霍兹涡在横向物质输运中占主导作用，水体的质量、动量交换频繁。

根据部分挺水植被水流的以上特性，可以将横断面分为植被稳定区（I 区）、剪切涡里层（II 区）、剪切涡外层（III 区）和主槽稳定区（IV 区）。

在植被稳定区（I 区），植被拖曳力远大于床面阻力，流速主要由自由表面坡度引起的压力梯度与植被拖曳力的平衡计算得到：

$$U_1 = \sqrt{\frac{2gi}{C_d a}} \tag{7.20}$$

在主槽稳定区（IV 区），速度由压力梯度与床面阻力的平衡推导得到：

$$U_2 = \sqrt{\frac{2giH}{C_b}} \tag{7.21}$$

式中：U_1 为植被稳定区平均流速；U_2 为主槽稳定区平均流速；C_b 为床面阻力系数；g 为重力加速度；i 为能量坡度；H 为水深。

在剪切涡里层（II 区），速度分布为接近双曲正切的 S 形曲线；在剪切涡外层（III 区），速度分布接近边界层速度分布。这两个区域的流速分布以剪切涡外层宽度 δ_O 为主要参数，而剪切涡外层宽度需要根据式（7.22）、式（7.23）进行迭代计算（一般情况下需要编程）：

$$\delta_O = \frac{0.026\,5H(U_2^2 - U_1^2)}{C_b(U_m + 2U_2)(U_2 - U_m)} \tag{7.22}$$

$$U_m = U_2 - \frac{U_2 - U_1}{1 + \dfrac{\delta_1/\delta_O}{1 - \tanh[1.89\exp(-4.03\delta_1/\delta_O)]}} \tag{7.23}$$

考虑到若运用至实际情况，需对 White 和 Nepf（2008）提出的复杂速度经验公式进行简化，假设 U_1 和 U_2 保持不变，速度只在剪切涡核心区域（$0.5t_{ml}$）线性过渡，简化后的速度线性分布结构如图 7.11 所示，相较于建立一个有许多任意参数的非常详细的模型，简化后的速度公式满足精度要求，且该方法在数学上易于处理，能够为实际应用提供良好的估计。

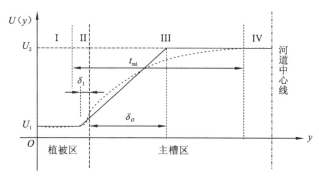

图 7.11　垂向平均流速的简化横向分布

点状虚线为根据 White 和 Nepf（2008）提出的速度公式计算的流速

2. 横向紊动扩散系数

对于二维明渠均匀流，一般认为横向紊动扩散系数在横断面均匀分布，当部分挺水植被存在时，流速差形成的剪切涡使剪切区的动量、质量交换频繁，横向紊动扩散系数较大，原有的横向紊动扩散系数常数公式不再适用。但由于横向紊动扩散系数在横向上的分布尚无可靠的研究结果，且横向紊动扩散系数的直接测量较为困难，一般根据动量黏性系数（又称涡黏系数）来间接推导横向紊动扩散系数：

$$E_y = \upsilon_t / Sc \tag{7.24}$$

式中：Sc 为施密特数，在稳定区约等于 1，在植被与水流的过渡区域约为 0.5；υ_t 为涡黏系数，其计算关系式为

$$\upsilon_t = -\langle\overline{u'v'}\rangle\Big/\frac{\partial\langle\overline{u}\rangle}{\partial y} \tag{7.25}$$

式中：$-\langle\overline{u'v'}\rangle$ 为雷诺应力；$\partial\langle\overline{u}\rangle/\partial y$ 为流速梯度。

在 White 和 Nepf（2008）的试验数据基础上提出了横向紊动扩散系数沿横向分布的模型，具体分布情况如图 7.12 所示。

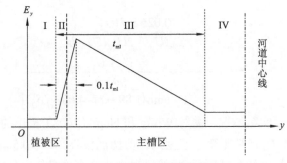

图 7.12　横向紊动扩散系数的横向分布

图 7.12 中在植被稳定区（Ⅰ区）和主槽稳定区（Ⅳ区），由于脉动流速较小且速度分布较为均匀，横向紊动扩散系数接近常数，相对剪切区来说数值较小。其中：在植被稳定区（Ⅰ区），横向紊动扩散系数的值与流速、植被直径和密度有关，可以采用 Nepf 等（1997）针对挺水植被提出的横向紊动扩散系数经验公式配合查表进行计算；在主槽稳定区（Ⅳ区），水流情况接近无植被明渠流，横向紊动扩散系数可以根据明渠流横向紊动扩散系数经验公式进行计算，即 $E_y = 0.15Hu_*$。在剪切涡区，速度梯度较大，扰动剧烈，扩散主要受剪切涡尺寸和主槽区与植被区之间流速差的影响，横向紊动扩散系数先是线性增长到最大值，然后线性减小。然而，横向紊动扩散系数并不像雷诺应力那样在植被和水流交界处达到最大，而是在距植被稳定区 $0.1t_{ml}$ 处达到最大值。

7.2.3　模型验证

得到垂向平均流速和横向紊动扩散系数沿横向的分布后，即可通过随机位移模型模拟河流中污染物的输移。当运用随机位移模型模拟离散过程时，设定的工况如下：渠道总宽为 2 m，植被区宽为 0.25 m，植被直径为 7 mm，单位水体的植被面积为 16.8 m^{-1}，底坡为 0.001，河床糙率为 0.01，水深为 0.09 m，时间步长为 0.05 s；当 $t=0$ 时，5 000 个颗粒在 $x=0$ 处均匀释放。颗粒的位移由方程（7.17）控制，通过输出粒子位置可实时展示污染物的扩散过程；另外，假设污染物在某一极小范围内均匀分布，通过统计该区域内的颗粒数量，可计算中心点的污染物浓度。图 7.13 显示了颗粒在部分挺水植被水流中的离散过程，选取了 $t=0$、500 s、2 000 s 三个不同时刻的颗粒分布情况。在纵向上，

颗粒整体随流迁移的同时，还由集中处向上下游扩散。在横向上，植被稳定区的粒子起初出现一定程度的堆积，随后逐渐向主槽区扩散。颗粒的分布情况与预期结果接近一致，揭示了污染物输移的过程。但是，仅凭粒子的分布图无法准确判定纵向离散准确与否，还需要通过定量评估来加以验证。

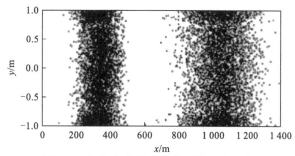

图 7.13　随机位移模型中的颗粒二维分布

　　纵向离散系数通常被用来验证模型的准确性，但在实际试验中，受场地及水流参数等因素的影响，普遍存在测点与试剂释放点距离较近且试验流速较快的情况。这时污染物到达测点的时间很短，达不到菲克时间，故测点处的纵向离散系数也达不到稳定值，因此一般无法通过纵向离散系数的试验数据对求得的纵向离散系数进行准确验证。

　　然而，随机位移模型不用计算纵向离散系数即可通过数学统计直接给出浓度沿流程的分布，甚至是某一特定区域的浓度过程线，因此，可以利用实测浓度过程线对随机位移模型的模拟结果进行检验。试验在与随机位移模型模拟工况一致的水槽中进行，水槽总长为 20 m，其中植被区长 8 m，在植被区进口处沿槽宽瞬时均匀投放示踪剂，然后在河道中心分别距示踪剂释放位置 4 m 和 6 m 的位置处用 YSI 多参数环境监测仪测量示踪剂浓度，比较结果如图 7.14 和图 7.15 所示，图 7.14 和图 7.15 中模拟浓度过程线与试验测量结果达到了很好的一致性，说明本节建立的随机位移模型可以较精确地预测部分挺水植被水流下的纵向离散系数。

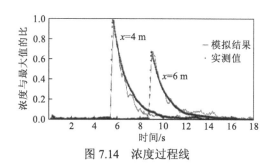

图 7.14　浓度过程线

图中浓度最大值为 $x = 4$ m 处的浓度最大值

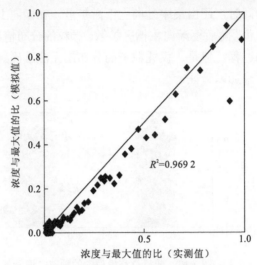

图 7.15 实测浓度相对值与模拟浓度相对值的相关度

图中浓度最大值为 $x = 4\ \text{m}$ 处的浓度最大值

7.3 本 章 小 结

对于植被存在情况下的水流离散研究，本章形成以下结论。

（1）基于 Chikwendu（1986a，1986b）与 Boxall 和 Guymer（2007）的 N 区模型，提出了简化的三区模型来计算部分覆盖非淹没植被水槽中的纵向离散系数。基于试验研究与理论分析，三区模型中的相关参数得到了确定。在该三区模型中，纵向离散系数包括两个部分：三个区域各自的纵向离散系数和各相邻子区之间的混合项。对模型结果与利用演算法处理实测浓度过程线得到的实测结果进行对比，发现三区模型的计算结果的误差都保持在 30% 以内。由此可见，本章提出的三区模型可以较好地预测部分覆盖非淹没植被水槽中的纵向离散系数。并且，本章提供的三区模型相对于已有的利用 SKM 计算流速分布，再三次积分得到纵向离散系数的方法，具有更加简洁的优势，同时克服了在应用 SKM 时二次流项难以预测的困难。总而言之，这一模型较好地预测了部分覆盖非淹没植被的实验室矩形河槽内的纵向离散系数，为之后更进一步在天然河流中评价真实的植物对污染物离散过程的影响提供了理论基础和依据。

（2）根据以往实测资料提出了横向紊动扩散系数的横向线性分布模型，为随机位移模型的后续模拟提供了横向紊动扩散系数部分的依据。该公式显示剪切涡区的横向紊动扩散系数大于稳定区，且在距植被稳定区 $0.1t_{\text{ml}}$ 处达到最大值。通过随机位移模型模拟了部分挺水植被水流中污染物的混合输移，其结果清楚地展现了污染物在整个输移过程中的二维分布，揭示了粒子在横断面的堆积和扩散情况。目前对随机位移模型的应用局限于二维的情况，以后可以考虑将其扩展到三维，并应用于空气污染物或泥沙等物质的研究。

参 考 文 献

槐文信, 秦明初, 徐治钢, 等, 2008. 滩地植被化的复式断面明渠均匀流的流速比[J]. 华中科技大学学报(自然科学版), 36(7): 67-69.

李炜, 徐孝平, 2000. 水力学[M]. 武汉: 武汉水利电力大学出版社.

梁雪融, 2019. 基于随机位移模型的植被水流物质输移研究[D]. 武汉: 武汉大学.

刘金鑫, 2014. 环境水力学课程设计[R]. 武汉: 武汉大学水利水电学院.

罗婧, 槐文信, 2014. 基于唯象模型的部分植被河道流动分析[J]. 华中科技大学学报(自然科学版), 42(7): 33-37.

沈春颖, 徐一民, 罗晶, 等, 2010. 湿地植物生长对水流特性影响的实验研究[J]. 中国农村水利水电(1): 39-42.

史浩然, 2016. 淹没植被作用下复式河道纵向流速二维分析模型[D]. 武汉: 武汉大学.

史浩然, 2019. 刚性植被河道水流结构及污染物混合输移特性研究[D]. 武汉: 武汉大学.

史浩然, 槐文信, 2016. 淹没植被作用下复式河道纵向流速二维分析模型[EB/OL]. (2016-12-15)[2016-12-15]. http://www. paper. edu. cn/releasepaper/content/2016/2-315.

唐洪武, 闫静, 吕升齐, 2007. 河流管理中含植物水流问题研究进展[J]. 水科学进展, 18(5): 785-792.

唐雪, 2016. 柔性淹没植被水流紊动特性研究[D]. 武汉: 武汉大学.

童汉毅, 槐文信, 张礼卫, 2003. 复式断面明渠的速度比和流量比[J]. 武汉大学学报(工学版), 36(5): 9-13.

王忖, 王超, 2010. 含挺水植物和沉水植物水流紊动特性[J]. 水科学进展, 21(6): 816-822.

王伟杰, 2016. 明渠植被水流流速分布解析解与阻力特性研究[D]. 武汉: 武汉大学.

吴福生, 姜树海, 2008. 柔性植物与刚性植物紊流特性研究[J]. 水动力学研究与进展, 23(2): 158-165.

赵芳, 2017. 刚性植被作用下明渠水流的水动力特性研究[D]. 武汉: 武汉大学.

朱兰燕, 2008. 植被渠道水流和污染物输移扩散三维数值模拟[D]. 大连: 大连理工大学.

ABDELRHMAN M A, 2007. Modeling coupling between eelgrass Zostera marina and water flow[J]. Marine ecology progress series, 338(24): 81-96.

AGHABABAEI M, ETEMAD-SHAHIDI A, JABBARI E, et al., 2017. Estimation of transverse mixing coefficient in straight and meandering streams[J]. Water resources management, 31(12): 3809-3827.

ARMANINI A, RIGHETTI M, GRISENTI P, 2005. Direct measurement of vegetation resistance in prototype scale[J]. Journal of hydraulic research, 43(5): 481-487.

ASSOULINE S, THOMPSON S E, CHEN L, et al., 2015. The dual role of soil crusts in desertification[J]. Journal of geophysical research: biogeosciences, 120(10): 2108-2119.

BAPTIST M J, BABOVIC V, RODRÍGUEZ UTHURBURU J, et al., 2007. On inducing equations for vegetation resistance [J]. Journal of hydraulic research, 45(4): 435-450.

BELCHER S E, JERRAM N, HUNT J C R, 2003. Adjustment of a turbulent boundary layer to a canopy of roughness elements[J]. Journal of fluid mechanics, 488: 369-398.

BOOTLE W, 1971. Forces on an inclined circular cylinder in supercritical flow[J]. AIAA journal, 9(3): 514-516.

BOXALL J B, GUYMER I, 2007. Longitudinal mixing in meandering channels: new experimental data set and verification of a predictive technique[J]. Water research, 41(2): 341-354.

BROMLEY J, BROUWER J, BARKER A, et al., 1997. The role of surface water redistribution in an area of patterned vegetation in a semi-arid environment, south-west Niger[J]. Journal of hydrology, 198(1/2/3/4): 1-29.

BROWN G L, ROSHKO A, 1974. On density effects and large structure in turbulent mixing layers[J]. Journal of fluid mechanics, 64(4): 775-816.

CHEN G, HUAI W X, HAN J, et al., 2010. Flow structure in partially vegetated rectangular channels[J]. Journal of hydrodynamics, 22(4): 590-597.

CHEN L, SELA S, SVORAY T, et al., 2013. The role of soil-surface sealing, microtopography, and vegetation patches in rainfall-runoff processes in semiarid areas[J]. Water resources research, 49(9): 5585-5599.

CHENG N S, 2011. Representative roughness height of submerged vegetation[J]. Water resources research, 47(8): 427-438.

CHENG N S, 2012. Calculation of drag coefficient for arrays of emergent circular cylinders with pseudofluid model[J]. Journal of hydraulic engineering, 139(6): 602-611.

CHENG N S, 2015. Single-layer model for average flow velocity with submerged rigid cylinders[J]. Journal of hydraulic engineering, 141(10): 06015012.

CHENG N S, NGUYEN H T, 2010. Hydraulic radius for evaluating resistance induced by simulated emergent vegetation in open-channel flows[J]. Journal of hydraulic engineering, 137(9): 995-1004.

CHIKWENDU S C, 1986a. Application of a slow-zone model to contaminant dispersion in laminar shear flows[J]. International journal of engineering science, 24(6): 1031-1044.

CHIKWENDU S C, 1986b. Calculation of longitudinal shear dispersivity using an N-zone model as N yields infinity[J]. Journal of fluid mechanics, 167: 19-30.

CHIKWENDU S C, OJIAKOR G U, 1985. Slow-zone model for longitudinal dispersion in two-dimensional shear flows[J]. Journal of fluid mechanics, 152: 15-38.

CHOI S U, KANG H, 2016. Characteristics of mean flow and turbulence statistics of depth-limited flows with submerged vegetation in a rectangular open-channel [J]. Journal of hydraulic research, 54(5): 1-14.

DENG Z Q, SINGH V P, BENGTSSON L, 2001. Longitudinal dispersion coefficient in straight rivers[J]. Journal of hydraulic engineering, 127(11): 919-927.

DIJKSTRA J, UITTENBOGAARD R, 2010. Modeling the interaction between flow and highly flexible aquatic vegetation[J]. Water resources research, 46(12): 264-270.

DUNN C, LOPEZ F, GARCIA M H, 1996. Mean flow and turbulence in a laboratory channel with simulated vegetation [R]. Urbana: University of Illinois at Urbana-Champaign.

ERDURAN K, KUTIJA V, 2003. Quasi-three-dimensional numerical model for flow through flexible, rigid, submerged and non-submerged vegetation[J]. Journal of hydroinformatics, 5(3): 189-202.

ERHARD P, ETLING D, MULLER U, et al., 2010. Prandtl-essentials of fluid mechanics [M]. New York: Springer Science & Business Media.

ERVINE D A, BABAEYAN-KOOPAEI K, SELLIN R H J, 2000. Two-dimensional solution for straight and meandering overbank flows[J]. Journal of hydraulic engineering, ASCE, 126(9): 653-669.

ETMINAN V, LOWE R J, GHISALBERTI M, 2017. A new model for predicting the drag exerted by vegetation canopies[J]. Water resources research, 53(4): 3179-3196.

FARZADKHOO M, KESHAVARZI A, HAMIDIFAR H, et al., 2018. A comparative study of longitudinal dispersion models in rigid vegetated compound meandering channels[J]. Journal of environmental management, 217: 78-89.

FISCHER H B, 1967. The mechanics of dispersion in natural streams[J]. Journal of the hydraulics division, 93(6): 187-216.

FISCHER H B, 1968. Dispersion predictions in natural streams[J]. Journal of sanitary engineering division, 94: 927-944.

FOTI R, RAMÍREZ J, 2013. A mechanistic description of the formation and evolution of vegetation patterns[J]. Hydrology and earth system sciences, 17(1): 63-84.

GARDINER C W, 1985. Handbook of stochstic methods[M]. Berlin: Springer.

GHISALBERTI M, NEPF H M, 2002. Mixing layers and coherent structures in vegetated aquatic flows[J]. Journal of geophysical research oceans, 107(C2): 1-11.

GHISALBERTI M, NEPF H M, 2004. The limited growth of vegetated shear layers[J]. Water resources research, 40(7): 196-212.

GHISALBERTI M, NEPF H M, 2006. The structure of the shear layer in flows over rigid and flexible canopies[J]. Environmental fluid mechanics, 6(3): 277-301.

GIOIA G, BOMBARDELLI F A, 2002. Scaling and similarity in rough channel flows[J]. Physical review letters, 88(1): 014501.

GIOIA G, CHAKRABORTY P, 2005. Turbulent friction in rough pipes and the energy spectrum of the phenomenological theory[J]. Physical review letters, 96(4): 044502.

GREEN J C, 2005. Modelling flow resistance in vegetated streams: review and development of new theory[J]. Hydrological processes, 19(6): 1245-1259.

HAMIDIFAR H, OMID M H, KESHAVARZI A, 2015. Longitudinal dispersion in waterways with vegetated floodplain[J]. Ecological engineering, 84: 398-407.

HO C M, HUERRE P, 1984. Perturbed free shear layers[J]. Annual review of fluid mechanics, 16(1): 365-422.

HOERNER S F, 1965. Fluid dynamic drag[M]. Brick Town, NJ: Published by the author.

HOLMES P, LUMLEY J L, BERKOOZ G, 1998. Turbulence, coherent structures, dynamical systems and symmetry[M]. Cambridge : Cambridge University Press.

HU Y, HUAI W, HAN J, 2013. Analytical solution for vertical profile of streamwise velocity in open-channel flow with submerged vegetation[J]. Environmental fluid mechanics, 13(4): 389-402.

HUAI W X, CHEN Z B, HAN J, et al., 2009c. Mathematical model for the flow with submerged and emerged rigid vegetation[J]. Journal of hydrodynamics, Ser. B, 21(5): 722-729.

HUAI W X, ZENG Y H, XU Z G, et al., 2009a. Three-layer model for vertical velocity distribution in open channel flow with submerged rigid vegetation[J]. Advances in water resources, 32(4): 487-492.

HUAI W X, HAN J, ZENG Y H, et al., 2009b. Velocity distribution of flow with submerged flexible vegetations based on mixing-length approach[J]. Applied mathematics and mechanics, 30: 343-351.

HUAI W X, WANG W, HU Y, et al., 2014. Analytical model of the mean velocity distribution in an open channel with double-layered rigid vegetation[J]. Advances in water resources, 69: 106-113.

HUAI W X, SHI H R, YANG Z H, et al., 2018. Estimating the transverse mixing coefficient in laboratory flumes and natural rivers[J]. Water, air, & soil pollution, 229(8): 252.

HUANG B S, LAI G W, QIU J, et al., 2002. Hydraulics of compound channel with vegetated floodplains[J]. Journal of hydrodynamics, 14(1): 23-28.

HUTHOFF F, AUGUSTIJN D, HULSCHER S J, 2007. Analytical solution of the depth-averaged flow velocity in case of submerged rigid cylindrical vegetation[J]. Water resources research, 43(6): W06413.

IKEDA S, KANAZAWA M, 1996. Three-dimensional organized vortices above flexible water plants[J]. Journal of hydraulic engineering, 122(11): 634-640.

INOUE E, 1963. On the turbulent structure of airflow within crop canopies[J]. Journal of the meteorologiccal society of Japan, 41(6): 317-326.

ISHIKAWA Y, MIZUHARA K, ASHIDA S, 2000. Effect of density of trees on drag exerted on trees in river channels[J]. Journal of forest research, 5(4): 271-279.

JIANG B, YANG K, CAO S, 2015. An analytical model for the distributions of velocity and discharge in compound channels with submerged vegetation[J]. PloS one, 10(7): e0130841.

KING A T, TINOCO R O, COWEN E A, 2012. A k-ε turbulence model based on the scales of vertical shear and stem wakes valid for emergent and submerged vegetated flows[J]. Journal of fluid mechanics, 701: 1-39.

KLAASSEN G, VAN DER ZWAARD J, 1974. Roughness coefficients of vegetated flood plains[J]. Journal of hydraulic research, 12(1): 43-63.

KLOPSTRA D, BARNEVELD H, VAN NOORTWIJK J, et al., 1997. Analytical model for hydraulic roughness of submerged vegetation[C]// 27th IAHR Congress. San Francisco: HKV Consultants: 775-780.

KONINGS A G, DEKKER S C, RIETKERK M, et al., 2011. Drought sensitivity of patterned vegetation determined by rainfall-land surface feedbacks[J]. Journal of geophysical research: biogeosciences, 116(G4): G04008.

KONINGS A G, KATUL G G, THOMPSON S E, 2012. A phen-omenological model for the flow resistance over submerged vegetation[J]. Water resources research, 48(2): 1-9.

KOTHYARI U C, KENJIROU H, HARUYUKI H, 2009. Drag coefficient of unsubmerged rigid vegetation stems in open channel flows[J]. Journal of hydraulic research, 47(6): 691-699.

KOUWEN N, FATHI-MOGHADAM M, 2000. Friction factors for coniferous trees along rivers[J]. Journal of hydraulic engineering, 126(10): 732-740.

KUBRAK E, KUBRAK J, ROWINSKI P M, 2008. Vertical velocity distributions through and above submerged, flexible vegetation[J]. Hydrological sciences journal, 53(4): 905-920.

LEE J K, ROIG L C, JENTER H L, et al., 2004. Drag coefficients for modeling flow through emergent vegetation in the Florida Everglades[J]. Ecological engineering, 22(4/5): 237-248.

LI R M, SHEN H W, 1973. Effect of tall vegetations on flow and sediment[J]. Journal of the hydraulics division, 99(5): 793-814.

LI S L, SHI H R, XIONG Z W, et al., 2015. New formulation for the effective relative roughness height of open channel flows with submerged vegetation [J]. Advances in water resources, 86: 46-57.

LIU D, DIPLAS P, HODGES C, et al., 2010. Hydrodynamics of flow through double layer rigid vegetation [J]. Geomorphology, 116(3/4): 286-296.

LIU Z W, CHEN Y C, ZHU D J, et al., 2012. Analytical model for vertical velocity profiles in flows with submerged shrub-like vegetation [J]. Environmental fluid mechanics, 12(4): 341-346.

LIU C, LUO X, LIU X, et al., 2013. Modeling depth-averaged velocity and bed shear stress in compound channels with emergent and submerged vegetation[J] . Advances in water resources, 60: 148-159.

LIANG D F, WU X F, 2014. A random walk simulation of scalar mixing in flows through submerged vegetations[J]. Journal of hydrodynamics, 26(3): 343-350.

LIGHTBODY A F, NEPF H M, 2006. Prediction of velocity profiles and longitudinal dispersion in salt marsh vegetation[J]. Limnology and oceanography, 51(1): 218-228.

LU S S, WILLMARTH W W, 1973. Measurements of the structure of the Reynolds stress in a turbulent boundary layer[J]. Journal of fluid mechanics, 60(3): 481-511.

LÓPEZ F, GARCÍA M H, 2001. Mean flow and turbulence structure of open-channel flow through non-emergent vegetation[J]. Journal of hydraulic engineering, 127(5): 392-402.

MALTESE A, COX E, FOLKARD A M, et al., 2007. Laboratory measurements of flow and turbulence in discontinuous distributions of ligulate seagrass[J]. Journal of hydraulic engineering, 133(7): 750-760.

MEIJER D G, 1998. Modelproeven overstroomde vegetatie[R]. Lelystad: Technical Report PR121, HKV Consultants.

MEIJER D G, VAN VELZEN E H, 1999. Prototype-scale flume experiments on hydraulic roughness of submerged vegetation[C]// Proceedings of the 28th International IAHR Conference: Technical University of Graz.

MURPHY E, 2006. Longitudinal dispersion in vegetated flow[D]. Massachusetts: Massachusetts Institute of Technology.

MURPHY E, GHISALBERTI M, NEPF H M, 2007. Model and laboratory study of dispersion in flows with submerged vegetation[J]. Water resources research, 43(5): 687-696.

NEPF H M, 1999. Drag, turbulence, and diffusion in flow through emergent vegetation[J]. Water resources research, 35(2): 1985-1986.

NEPF H M, 2004. Vegetated flow dynamics[J]. The ecogeomorphology of tidal marshes, 59: 137-163.

NEPF H M, 2012. Flow and transport in regions with aquatic vegetation [J]. Annual review of fluid mechanics, 44(8): 123-142.

NEPF H M, GHISALBERTI M, 2008. Flow and transport in channels with submerged vegetation[J]. Acta geophysica, 56(3): 753-777.

NEPF H M, SULLIVAN J A, ZAVISTOSKI R A, 1997. A model for diffusion within emergent vegetation[J]. Limnology and oceanography, 42(8): 1735-1745.

NEPF H M, VIVONI E R, 2000. Flow structure in depth-limited, vegetated flow[J]. Journal of geophysical research: oceans, 105(C12): 28547-28557.

NEPF II M, WHITE B, LIGHTBODY A, et al., 2007. Transport in aquatic canopies[M]// GAYEV Y A, HUNT J C R. Flow and transport processes with complex obstructions. Dordrecht: Springer : 221-250.

NEZU I, NAKAGAWA H, JIRKA G H, 1993. Turbulence in open-channel flows[J]. Journal of hydraulic engineering, 120(10): 1235-1237.

NEZU I, SANJOU M, 2008. Turbulence structure and coherent motion in vegetated canopy open-channel flows[J]. Journal of hydro-environment research, 2(2): 62-90.

NIKORA N, NIKORA V, O'DONOGHUE T, 2013. Velocity profiles in vegetated open-channel flows: combined effects of multiple mechanisms[J]. Journal of hydraulic engineering, 139(10): 1021-1032.

OBEREZ A, 2001. Turbulence modeling of hydraulic roughness of submerged vegetation[D]. Delft: IHE.

OKAMOTO T A, NEZU I, 2013. Spatial evolution of coherent motions in finite-length vegetation patch flow[J]. Environmental fluid mechanics, 13(5): 417-434.

ORTIZ A C, ASHTON A, NEPF H M, 2013. Mean and turbulent velocity fields near rigid and flexible plants and the implications for deposition[J]. Journal of geophysical research: earth surface, 118(4): 2585-2599.

PANG C, WU D, LAI X, et al., 2014. Turbulence structure and flow field of shallow water with a submerged eel grass patch[J]. Ecological engineering, 69: 201-205.

PERUCCA E, CAMPOREALE C, RIDOLFI L, 2009. Estimation of the dispersion coefficient in rivers with riparian vegetation[J]. Advances in water resources, 32(1): 78-87.

PLEW D R, 2010. Depth-averaged drag coefficient for modeling flow through suspended canopies[J]. Journal of hydraulic engineering, 137(2): 234-247.

POGGI D, PORPORATO A, RIDOLFI L, et al., 2004. The effect of vegetation density on canopy sub-layer turbulence[J]. Boundary-layer meteorology, 111(3): 565-587.

RAUPACH M R, FINNIGAN J J, BRUNET Y, 1996. Coherent eddies and turbulence in vegetation canopies: the mixing-layer analogy[M]//GARRATT J R, TAYLOR P A. Boundary-layer meteorology 25th anniversary volume, 1970–1995. Dordrecht: Springer: 351-382.

RAUPACH M R, SHAW R H, 1982. Averaging procedures for flow within vegetation canopies[J]. Boundary-layer meteorology, 22(1): 79-90.

RIGHETTI M, ARMANINI A, 2002. Flow resistance in open channel flows with sparsely distributed bushes[J]. Journal of hydrology, 269(1/2): 55-64.

ROGERS M M, MOSER R D, 1992. The three-dimensional evolution of a plane mixing layer: the Kelvin-Helmholtz rollup[J]. Journal of fluid mechanics, 243: 183-226.

ROMINGER J T, NEPF H M, 2011. Flow adjustment and interior flow associated with a rectangular porous obstruction[J]. Journal of fluid mechanics, 680: 636-659.

ROWIŃSKI P M, KUBRAK J, 2002. A mixing-length model for predicting vertical velocity distribution in flows through emergent vegetation[J]. Hydrological sciences journal, 47(6): 893-904.

SAOWAPON C, KOUWEN N, 1989. A physically based model for determining flow resistance and velocity profiles in vegetated channels[C]// Proceedings of the International Conference for Centennial of Manning's Formula and Kuichlings Rational Formula. Charlottesville: University of Virginia.

SCHONEBOOM T, ABERLE J, DITTRICH A, 2010. Hydraulic resistance of vegetated flows: contribution of bed shear stress and vegetative drag to total hydraulic resistance[C]//Proceedings of the International Conference on Fluvial Hydraulics River Flow 2010. Karlsruhe: Bundesanstalt für Wasserbau. S.

SCHLICHTING H, GERSTEN K, 1979. Boundary-layer theory[M]. New York: McGraw-Hill.

SHARIL S, 2012. Velocity field and transverse dispersion in vegetated flows[D]. Cardiff: Cardiff University.

SHIMIZU Y, TSUJIMOTO T, NAKAGAWA H, et al., 1991. Experimental study on flow over rigid vegetation simulated by cylinders with equi-spacing[J]. Doboku gakkai ronbunshu(438): 31-40.

SHIMIZU Y, TSUJIMOTO T, NAKAGAWA H, 1992. Numcrical study on fully-developed turbulent flow in vegetated and non-vegetated zones in a cross-section of open channel [J]. Proceedings of hydraulic engineering, 36: 265-272.

SHIMIZU Y, TSUJIMOTO T, 1994. Numerical analysis of turbulent open-channel flow over a vegetation layer using a k-ε turbulence model [J]. Journal of hydroscience and hydraulic engineering, 11(2): 57-67.

SHIONO K, KNIGHT D W, 1991. Turbulent open-channel flows with variable depth across the channel[J]. Journal of fluid mechanics, 222: 617-646.

SHUCKSMITH J D, BOXALL J B, GUYMER I, 2010. Effects of emergent and submerged natural vegetation on longitudinal mixing in open channel flow[J]. Water resources research, 46(46): 272-281.

SONNENWALD F, STOVIN V, GUYMER I, 2018a. Use of drag coefficient to predict dispersion coefficients in emergent vegetation at low velocities[C]// 12th International Symposium on Ecohydraulics. Tokyo: ISE.

SONNENWALD F, STOVIN V, GUYMER I, 2018b. Estimating drag coefficient for arrays of rigid cylinders representing emergent vegetation[J]. Journal of hydraulic research, 57(4): 1-7.

SONNENWALD F, STOVIN V, GUYMER I, 2019. A stem spacing-based non-dimensional model for predicting longitudinal dispersion in low-density emergent vegetation[J]. Acta geophysica, 67(3): 943-949.

STOESSER T, KIM S J, DIPLAS P, et al., 2010. Turbulent flow through idealized emergent vegetation[J]. Journal of hydraulic engineering, 136(12): 1003-1017.

STONE B M, SHEN H T, 2002. Hydraulic resistance of flow in channels with cylindrical roughness[J]. Journal of hydraulic engineering, 128(5): 500-506.

SUBRAMANYA K, 2009. Flow in open channels[M]. New Delhi: Tata McGraw-Hill Publishing Company Limited .

SURYANARAYANA N V, ARICI Ö, 2003. Design and simulation of thermal systems[M]. New York: McGraw-Hill.

TAKEMURA T, TANAKA N, 2007. Flow structures and drag characteristics of a colony-type emergent roughness model mounted on a flat plate in uniform flow[J]. Fluid dynamics research, 39(9/10): 694-710.

TANAKA N, YAGISAWA J, 2009. Effects of tree characteristics and substrate condition on critical breaking moment of trees due to heavy flooding[J]. Landscape and ecological engineering, 5(1): 59-70.

TANG H, TIAN Z, YAN J, et al., 2014. Determining drag coefficients and their application in modelling of turbulent flow with submerged vegetation[J]. Advances in water resources, 69: 134-145.

TANG X, KNIGHT D W, 2008. Lateral depth-averaged velocity distributions and bed shear in rectangular compound channels[J]. Journal of hydraulic engineering, 134(3): 1337-1342.

TANINO Y, NEPF H M, 2008. Laboratory investigation of mean drag in a random array of rigid, emergent cylinders[J]. Journal of hydraulic engineering, 134(1): 34-41.

THOMPSON S, KATUL G, KONINGS A, et al., 2011. Unsteady overland flow on flat surfaces induced by spatial permeability contrasts[J]. Advances in water resources, 34(8): 1049-1058.

TINOCO R O, COWEN E A, 2013. The direct and indirect measurement of boundary stress and drag on individual and complex arrays of elements[J]. Experiments in fluids, 54(4): 1509.

TINOCO R O, GOLDSTEIN E B, COCO G, 2015. A data-driven approach to develop physically sound predictors: application to depth-averaged velocities on flows through submerged arrays of rigid cylinders [J]. Water resources research, 51(2): 1247-1263.

TSEUNG H L, KIKKERT G A, PLEW D, 2015. Hydrodynamics of suspended canopies with limited length and width[J]. Environmental fluid mechanics, 16(1): 145-166.

TSUJIMOTO T, KITAMURA T, 1990. Velocity profile of flow in vegetated-bed channels[J]. KHL progressive report, 1: 43-55.

VALENTIN C, D'HERBÈS J M, 1999. Niger tiger bush as a natural water harvesting system[J]. Catena, 37(1): 231-256.

VOGEL S, 1981. Life in moving fluids: the physical biology of flow-revised and expanded [M]. 2nd ed. New Jersey: Princeton University Press.

WANG W G, 2012. An analytical model for mean wind profiles in sparse canopies[J]. Boundary-layer meteorology, 142(3): 383-399.

WANG W J, HUAI W X, THOMPSON S, et al., 2015. Steady nonuniform shallow flow within emergent vegetation[J]. Water resources research, 51(12): 10047-10064.

WANG Y, HUAI W, 2016. Estimating the longitudinal dispersion coefficient in straight natural rivers[J]. Journal of hydraulic engineering, 142(11): 04016048.

WHITE B L, NEPF H M, 2003. Scalar transport in random cylinder arrays at moderate Reynolds number[J]. Journal of fluid mechanics, 487(487): 43-79.

WHITE B L, NEPF H M, 2008. A vortex-based model of velocity and shear stress in a partially vegetated shallow channel[J]. Water resources research, 44(1): 1-15.

WILSON C, XAVIER P, SCHONEBOOM T, et al., 2010. The hydrodynamic drag of full scale trees[C]// Proceedings of the International Conference on Fluvial Hydraulics River Flow 2010. Karlsruhe: Bundesanstalt für Wasserbau. S.

WILSON J D, YEE E, 2007. A critical examination of the random displacement model of turbulent dispersion[J]. Boundary-large meteorology, 125(3): 399-416.

WOODING R A, BRADLEY E F, MARSHALL J K, 1973. Drag due to regular arrays of roughness elements of varying geometry[J]. Boundary-layer meteorology, 5(3): 285-308.

YAN J, 2008. Experimental study of flow resistance and turbulence characteristics of open channel flow with vegetation[D]. Nanjing: Hohai University.

YANG W, 2008. Experimental study of turbulent open-channel flows with submerged vegetation[D]. Korea: Yonsei University.

YANG K, CAO S, KNIGHT D W, 2007. Flow patterns in compound channels with vegetated floodplains[J].

Journal of hydraulic engineering, 133(2): 148-159.

YANG W, CHOI S U, 2009. Impact of stem flexibility on mean flow and turbulence structure in depth-limited open channel flows with submerged vegetation[J]. Journal of hydraulic research, 47(4): 445-454.

YANG W, CHOI S U, 2010. A two-layer approach for depth-limited open-channel flows with submerged vegetation[J]. Journal of hydraulic research, 48(4): 466-475.

YAN X F, WAI W H O, LI C W, 2016. Characteristics of flow structure of free-surface flow in a partly obstructed open channel with vegetation patch[J]. Environmental fluid mechanics, 16(4): 807-832.

ZENG Y H, HUAI W X, 2014. Estimation of longitudinal dispersion coefficient in rivers[J]. Journal of hydro-environment research, 8(1): 2-8.

ZONG L, NEPF H M, 2012. Vortex development behind a finite porous obstruction in a channel[J]. Journal of fluid mechanics, 691: 368-391.